优雅女人气质修炼课

陈琅语 著

沈阳出版发行集团
沈阳出版社

图书在版编目(CIP)数据

优雅女人气质修炼课/陈琅语著. —沈阳:沈阳出版社,2017.5
ISBN 978-7-5441-8816-6

Ⅰ.①优… Ⅱ.①陈… Ⅲ.①女性—气质—通俗读物 Ⅳ.① B848.1-49

中国版本图书馆CIP数据核字(2017)第282739号

出版发行	沈阳出版发行集团丨沈阳出版社
	(地址:沈阳市沈河区南翰林路10号 邮编:110011)
网　　址	http://www.sycbs.com
印　　刷	北京溢漾印刷有限公司
幅面尺寸	170mm×240mm
印　　张	16
字　　数	220千字
出版时间	2018年1月第1版
印刷时间	2018年1月第1次印刷
选题策划	张晓薇
责任编辑	杨敏成
封面设计	一个人·设计
版式设计	点石坊工作室
责任校对	李　飞
责任监印	杨　旭

书　　号:ISBN 978-7-5441-8816-6
定　　价:39.80元

联系电话:024-24112447
E-mail:sy24112447@163.com

本书若有印装质量问题,影响阅读,请与出版社联系调换。

前言
Preface

  女人,由于外形与性别的优势,具有一种天赋的气质。贾宝玉曾说:"女人是水做的骨肉,我见了女人便清爽。"从某种意义上讲,女人都是美的。而本就美丽的女人如果再进行一些外形上的装扮与内在素质上的提高,要获取一种高贵的气质美并不是难事。

  一个女人一旦拥有了不凡的气质,她将终生受益。

  因为,气质是永不言败的;气质,是一种成熟的极致美。

  有气质的女人,不会随着时间的流逝而慢慢凋零。她们是人生四季里的长盛花,鲜艳却不张扬地盛开着。

  气质是集一个人的内在精神而释放出来的高品格的影响力。犹如一颗夜明珠,给人的不仅是惊喜,还有耳目一新的感觉;犹如一缕暗香,让人不知不觉沉醉;犹如一道惊雷,让人清醒。

  气质是一种修炼到超越自我的境界。这种境界,让人脱俗,使一个普通人变得高雅。因此,一个有气质的女人,面对不同程度的困境,她不会胆怯,而最终气质可以帮助她扭转逆境的局面,取得意想不到的胜利。

  气质会让女人拥有一片属于自己的"精神家园",占有属于自己的心灵空间。即使遇上再多的不幸,也不至于造成太多的失望,太多的茫然……

气质是女人最真实、最恒久的美。再美的女人，如果没有气质，也只是一个花瓶而已，相反，天生并不美的女人，即使是没有华丽的服装，一旦拥有健康的翅膀，也会立刻神采飞扬，展翅高飞了。须知，外表的美是短暂而肤浅的，如同天上的流星，转瞬即逝，而气质，渗透于女人的骨髓与生命之中，让她们在面对岁月的无情流逝时，拥有一份从容和淡泊。

很显然，气质不是美女的专利，气质是一个女人对精致的追求，是一种生活的态度。女人，岁月在逐步掠夺她们青春的同时，也给了她们气质的馈赠。有气质的女人恰似一首意犹未尽的美诗，给人惊喜之余回味无穷。

每个女人，都应该寻找属于自己的气质，在精神上树立独立的自我，通过对自己的"文化美容"，找回真实的自我。

这是一本专为女性朋友量身打造的气质培养指南。本书从仪容、底蕴、品性、品位、谈吐、个性、心态、风韵等方面，对女性朋友进行全方位多角度覆盖性地指导，透过真实生动地情境，让你身临其中，认识到自己的欠缺与不足。与此同时，我们针对女性朋友的性别特点，提供了修炼气质的直接方法和途径。相信我们，一定能够帮助你打造出优雅的气质，让你由内而外提升自我，获得脱胎换骨的蜕变，成为一个人人喜欢、气质出众的美丽俏佳人。

目录
Contents

Part 1　生命如花，女人就是要美丽

女人，必须要美丽 / 002

把自己变得更漂亮一些 / 003

请让我们的肌肤光彩总依然 / 008

由黄到白，就是这么简单 / 011

给玉颈十二分的悉心呵护 / 014

呵护你的胸，挺出女人气质 / 017

让自己浑身散发出香味来 / 019

舌尖上的健康与美丽 / 022

女人永葆青春的秘密 / 024

量身定制适合自己的运动计划 / 027

细节做得好，女人不衰老 / 031

把美貌的正向作用发挥到极致 / 033

Part 2　妆容服饰，荡漾女人如水气质

会美女人，清妆淡抹总相宜 / 036

首饰怎么戴，才更显气质 / 040

香水虽好，但讲究不少 / 042

穿出你的特有气质来 / 043

国际通用女士着装规范 / 047

女性穿内衣的礼节与禁忌 / 049

白领丽人日常职业形象礼仪 / 050

白领丽人职业装色彩搭配 / 052

各种场合服装色彩的选择 / 054

Part 3　底蕴深厚，锻造内在气质风景线

美丽，其实是种心力 / 058

不流于俗，便能流淌成诗 / 060

内涵之于女人，便是气质底色 / 062

智慧之于女人，正是气质资本 / 064

知性女子，不蔓不枝，香远益清 / 066

与书为伴，腹有诗书气自华 / 070

牵引音乐的灵气在生活中流淌 / 072

在雅趣中不断提升品位层次 / 074

把自己活成"S"形 / 077

轻奢华,不奢侈 / 079

丑也要丑成一道风景线 / 081

Part 4　品性如玉,挥洒一片女人风雅

优化性格就是优化气质 / 086

多维塑造健全的气质性格 / 090

做个不骄不躁的温柔女子 / 093

爱心,你的形象大使 / 096

女人的胸怀就是要宽广 / 100

请让自己怀有孩童般的宽容 / 102

优雅的女人不生气 / 105

收敛起虚荣的鬼魅之气 / 107

别在嫉妒之中走火入魔 / 110

永远不做怨妇型女人 / 113

可以霸气,但决不能霸道 / 115

Part 5　举手投入,尽显女人芬芳神韵

婀娜娉婷,走如流云般优雅 / 120

仪静体闲,坐姿尽显女性端庄 / 121

优雅赴宴，亮出一抹照人风采 / 123

五彩西餐，吃出品位与层次 / 125

佳人洋酒，饮中别有一番美丽 / 132

浅尝辄止，别让酒精泡掉你的美丽 / 135

拒绝邀请，措辞婉约周到得体 / 137

其实沉静就是一种气质 / 139

娇羞——女人高贵的矜持 / 143

情调，女性灵魂中最诱人之处 / 145

神秘，就是一种强大的吸引力 / 147

微微一笑，很倾城 / 150

Part 6　谈吐不凡，呵出女人如兰气息

会说话的女人才叫情商高 / 154

友善亲和，言语悦耳如歌 / 157

以和为贵，尽显女人温润本色 / 159

一个眼神就把心里话放射出来 / 164

举手投足，都是一种言语表达 / 168

赞美是最划算的魅力投资 / 172

富含真情的话最能打动人 / 175

让别人体味到你真诚的关怀 / 177

不动声色化解无礼冲撞 / 179

拒绝也给别人被尊重的感受 / 182

少说多听，不论人非 / 187

Part 7　茕茕子立，有个性才能气质不俗

有梦想的，才叫女神 / 190

有种魅力叫"独一无二" / 192

别把自己托付给别人 / 195

坚守你的那份本真 / 198

一个人，也可以很优雅 / 200

没人疼，就自己疼自己 / 202

很有自信，就很耀眼 / 206

把选择权攥在自己手里 / 208

取悦谁都不如取悦自己 / 209

别屈从，不喜欢就不要 / 211

永远做自己的女主人 / 213

Part 8　淡定从容，气度就是气质的姐妹花

别让自己看起来像个小孩 / 218

收敛一下你的眼泪和脾气 / 221

聪明的姑娘不赌气 / 223

有气场不一定要强势 / 226

撕掉女人身上柔弱的标签 / 229

心若丰盈，优雅天成 / 232

不为得与失百般纠结 / 234

藕既断，不丝连 / 237

让那些不愉快笑着释放 / 240

痛过之后，请开得更灿烂芬芳 / 242

Part 1
生命如花，女人就是要美丽

美丽是从内而外弥漫的馨香，是从身体的每一个部位，从生活的每一个细节悄悄流淌出来的。纵使你貌美如花，如果不重视呵护，也经不起岁月的冲刷。女人要真正的美丽，要靠内修与外养，要知道只有从身体的最深处带来的转化才能使美丽的容颜维持长久。美丽是女人的特权，也是女人的义务。

女人，必须要美丽

　　爱美是女人的天性。作为女人，你有权利让自己通过各种方式变得漂亮，不要以为街上的美女、银幕上的明星都是天生的肌肤胜雪、身材婀娜。你是否知道明星每天不管拍戏多累都要坚持卸妆，做皮肤保养，而这些并不需要去美容院，只需要几片水果或者一张面膜就可以搞定；你是否知道某位女明星十几年来如一日地做胸部按摩，以致在人群中受到的羡慕声片片。

　　如果你认为自己不够白皙，如果你认为自己需要减肥，那你不妨为自己制订各种计划，然后坚持下去。不要以为自己有了老公就可以每天蓬头垢面，殊不知，那样你会逐渐失去他的心。

　　赵先生喜欢衣着讲究、妆容得体的女人，可他的妻子却越来越背离这个方向了，这让他不免有几分失望，赵先生说："我妻子不懂得按自己的身材特点选择服饰，更不懂得色泽的搭配。我给她提建议，她还指责我是小男人，管得太多。"一次，赵先生开玩笑说："男人都喜欢漂亮的女人，你不担心我被别人勾引了吗？"

　　谁知他的妻子自负地"哼"了一声，继续我行我素。赵先生的妻子始终认为，她的家庭条件比赵先生家好，当年是她不顾父母的反对

Part 1 生命如花,女人就是要美丽

"下嫁"于赵先生,她相信自己当年的"义举"早就"套牢"了赵先生,所以敢安心地过着懒散的黄脸婆生活。而赵先生呢,虽然不是那种朝三暮四的男人,但在街上看见穿着得体的女人时,心里总会若有所失,有时甚至还会想入非非。

其实像赵夫人这样的女人在中国不占少数,尤其在生完小孩、逐渐进入中年以后,她们往往衣着随便,不再注意修饰、不再"严格要求自己",对自己的外貌马马虎虎,得过且过。然而,有道是"爱美之心人皆有之",男人更是如此。你说他们能不失望吗?他们也许嘴上不说,可心里就不知怎样想了。这是很危险的!

所以女人,必须让自己美丽起来,不管是悦人也好,悦己也罢!归根到底都是让周围的人或是让自己高兴,通过自己的满意、欣喜,得到满足。

把自己变得更漂亮一些

人为什么爱美?古希腊哲学家亚里士多德说:"只要不是瞎子,谁都不会问这样的问题。"随着时代的发展,女人意识逐渐觉醒,女人从幕后走到了台前,美貌更是成了女人获得成功的辅助手段。各式美容产业方兴未艾,影视屏幕上女明星流光溢彩,顾盼生辉;不少大网站都开设明星美女写真区，以增加网站的访问量。可以说，现代美女已经是社会中一道靓丽的景致，为人们所承认，所欣赏，所赞叹。

美，具有极高的经济价值。研究者曾经做过这样一个实验分析：他们把一组照片给评审人打分，由最美至最丑排序，然后对这些数据进行分析。他们发现一般被认为较美的人，与缺乏美貌者做同样的工作，但她们的报酬却会相对多一点，可能由于拥有美貌者较能促使该公司的营业额上升。接着，他们又对一份法律学院毕业生的资料进行研究，发现拥有美貌者多负责出庭打官司的外部工作，而缺乏美貌者则多担任内部处理文件和研究工作。

随后，他们又发现当女人到一定年龄后，貌美的大多会继续工作，赚取较高的收入；缺乏美貌的，则会离开劳动力市场，嫁人去了，不幸的是，她们的结婚对象，平均收入也都较低。美是稀缺资源，美女是稀缺人才。

因此，对于女人来说，如何让自己成为一个美女，是很重要的事情，而这种事情只有自己能够完成，别人是无论如何都帮不上忙的，为什么这样说呢？因为有些女人天生丽质，自身条件就很不错，美丽对于她们来说很轻松，而对于另外一些女人来说，魅力就成了她们的心理负担，因为她们生来就很普通，从来没有把自己想象成为人人都**想**多看几眼的美女。

下面，我们针对这两种情况对女人做个指导，希望姐妹们各个都**能成为人见人**爱的美女。

第一种是那些天生丽质的女人。

作为**女人，**如果你漂亮，从某种意义上说你是幸运的；然而女人的一生,最重要的是要有品位,而非徒有其表。

做女人的最高境界是:细水长流,流到最后,却看不到尽头。一时的辉煌、零星的插曲、琐碎的片段、千篇一律的微笑、沉默、怀念、哀悼,每个细节都不完整地拼凑在一起……那么这个漂亮女人的一生就是荒诞而可悲的。

所以女人不要把漂亮当作武器、视为资本,因为男人可怕的占有欲会最贴切地迎合你的虚荣心,当两者完美的结合时,你的一生就不免失去了真实。因此,只有"笨女人"才会摇头摆尾、搔首弄姿,恨不得让全世界的人都知道自己漂亮;聪明的女人则会顺其自然、举止端庄,从不招摇。

所以,倘若你天生就是一个漂亮的女孩,首先需要的是注重文化修养,要脱俗,要有自信。千万不要被人称为是"胸大无脑"或"金玉其外,败絮其中"。

阅读、音乐、绘画、书法既可以培养个人兴趣又能修身养性,鲜明的个性、广泛的兴趣、出众的才华都是漂亮女人的魅力,优雅是女人持久的魅力,你优雅着,你就漂亮着。

其次,你必须注意自己的形体美。女人完美的形体比漂亮的面容更引人注目,形体锻炼是一个漫长而艰苦的过程。可以根据自己的特点做一些适合自己的运动,慢跑和肢体伸展适合于每一个人,不需要借助器材,随时随地都可以做,方便简单。有毅力的人可以尝试一下瑜伽,它可以让你身上的每一块肌肉都得到有效的锻炼,使你的肢体变得轻盈柔软,很适合女人。舞蹈亦能使你保持身材均匀、姿态优美,让你更具韵味。女人的坐行姿势也非常重要,坐姿挺拔,行速要快,满街的人流中,那些抢眼的女子其行姿必定是挺拔如风。

漂亮女人还必须会打扮自己:清雅的淡妆、合适的发型、美丽的衣着,会使你增色三分。

妆不宜太浓,用适合自己肤色的口红、粉底、眉笔淡淡地修饰自己,使自己看起来自然靓丽。根据自己的性格和体形来选择合适的服装,衣着要上下协调,要注意扬长避短,尽量选择设计简单,线条流畅的款式,服装的整体色彩不要过于繁杂,不要太过浓烈,过多的装饰和浓烈的色彩会显得俗气。皮鞋的颜色尽量和皮包一致,和服装的颜色相协调。着装重在搭配,不同的搭配会有不同的风格,不同的品位会搭配出不同的效果,简单、协调就是美。

第二种是那些不算漂亮的女孩。

女人为了漂亮可以付出任何代价。然而,你就是不漂亮,这是你自己改变不了的现实。那么,不漂亮的女孩们,该怎么办?

女人面对镜子,认为自己容貌欠佳的时候,"笨女人"的选择是对自己缺乏信心,埋怨老天对自己的不公,整天愁眉苦脸,就像谁欠了她多少钱似的;而聪明的女人则会欣然地面对事实,因为她觉得她是世界上的唯一,她们会用日后的努力,取长补短,让自己美丽起来的。

命运是公平的。美丽的容颜会随着时间的流逝而递减和消逝,而气质、学识和智慧却会随着时间的变化而递增,并愈发体现出悠久的弥香。要知道,世界上并没有丑女人,心灵的美比漂亮的脸蛋更让人欣赏。

其实,漂亮只是女人的外壳,她们是娇艳绽放的花朵,终有凋谢的时候，那蜜蜂和蝴蝶也会远离它们。具有内在美的女人是一株淡雅的小草，野火烧不尽，春风吹又生。她们不会用自己的外表去实现理想，而是不断地充实自己，追求美好生活，勇于接受新鲜事物，保持乐观的生活态度、健康的心理，用以弥补自己缺少的那部分美丽所带来的心理阴影。

对于男人来说，女人的魅力并不单单是外表，而是"女人味"。有"女人味"的女人一定会流露出夺人心魄的美，那种伴着迷人眼神的嫣然巧笑、吐气若兰的燕语莺声、轻风拂柳一样飘然的步态，再加上细腻的情感、纯真的神情，都会让一个并不炫目的女子溢出醉人的娴静之味、淑然之气，置身其中，暗香浮动，女人看了嫉妒，男人看了心醉。

因此，一个女人可以生得不漂亮，但是一定要聪明，一定要开朗，一定要活得精彩。无论什么时候，渊博的知识、良好的修养、文明的举止、优雅的谈吐、博大的胸怀，以及一颗充满爱的心灵，一定可以让一个女人活得足够漂亮，哪怕你本身长得并不漂亮。

这样一来，天下的女孩都能将自己装扮得漂亮起来了。记住：漂亮是自己的问题，一定要重视起来，只有"漂亮"起来的女孩对生活才更有期盼。

请让我们的肌肤光彩总依然

肌肤是世界上最禁不起岁月考验的：25岁之前光鲜柔嫩无比，爽滑得犹如绸缎，"肤若凝脂"、"冰肌雪肤"，或许曾是往日最大的骄傲与资本，即使不如此，光滑有弹性的皮肤却也到处彰显青春的美丽；30岁却开始暗淡了，犹如皎月蒙上了一层暗淡的云彩，尽管皎月依旧，却没有了往日的光芒与亮丽；40岁以后就开始褪色了，犹如一块鲜艳无比的布，经过多次洗涮，已褪掉初始的鲜亮，全无当日的神采。

道理虽是如此，但如果我们能够精心呵护、细心保养，即使是饱经岁月磨砺的肌肤，依旧可以重新焕发出青春的光彩。

脸部基础护理。在这之前，我们的护肤方法可能是延续以前的方法，以清水洗脸，简单地涂抹一些润肤霜。那么从现在开始我们要牢记，一定要用正确的方法小心呵护肌肤，千万不要因为嫌麻烦而放弃。哪怕只是偷懒一周，以后可能会后悔几十年。

我们的肌肤首先需要进行以下几项修补工程：

（1）购买至少一套基础护理的产品，做好皮肤的基础保养，一定要养成完全卸妆及彻底清洁面部和颈部皮肤的习惯，以防止毛孔被堵塞而变得粗大和潮红、粗糙，让肌肤在一天的疲劳后通畅。同时在高

Part 1 生命如花，女人就是要美丽

效保湿和美白上要特别的注意，对受损的肌肤开始重新护理。

（2）使用隔离霜来保护皮肤免受外界空气污染等不良因素的影响。外出时，一定要做好防晒工作，比如在外露于阳光的部分涂抹防晒霜、打遮阳伞等等，避免紫外线对皮肤造成的伤害。

女人，随着年龄的增长，肌肤会逐渐失去水嫩光洁，这就需要我们给自己的肌肤多一分呵护，让其充满活力，保持弹性，毕竟皱纹和皮肤松弛、老化不是一天两天就形成的，它是一个从量的积累到产生质变的过程。在以上修补工作的基础上，我们还可以做一些更深入的保养工作，保湿、防皱、美白一样都不能少。

保湿实际上就是给干燥的肌肤补充水分。补水可以有两种渠道：内补和外补。内补就是直接喝水。一般的凉白开、纯净水、矿泉水、果汁、水果等都可以。正常情况下，每天饮用1000毫升的水即可维持皮肤含水量的平衡，保持新陈代谢的正常运转。每天的饮水应当分布在不同时段，早上空腹喝一杯水是必需的，这不但可以补充夜间水分的流失，也有助于排除体内积聚的毒素，具有清洗肠胃的作用。一天时间的饮水可根据自身情况而定。外补就是要让皮肤直接吸收水分，每次洗脸后可以先不要擦干，用手轻拍脸部皮肤，一方面可以促进皮肤吸收水分，另一方面可以促进血液循环，保持皮肤的光泽红润。几分钟后用毛巾擦干，再轻拍上一些爽肤水、化妆水，加以按摩，让皮肤充分滋润。

尽管我们可以做如此种种的保湿、滋润、清洁工作，但岁月仍会在我们可怜的身体上留下痕迹，我们能做的也仅仅是延缓它到来的时间和它影响的程度。而这也足以让爱美的女人们趋之若鹜。换个角度想一想，也是啊，既然这些材料是我们唾手可得的，又能有一定的功效，为什么不试一下呢？

祛皱小魔方饮食秘方大收集：

（1）米饭团去皱

当家中香喷喷的米饭做好或饭后有剩余的米饭时，挑些比较软的米饭揉成团，放在面部轻揉，把皮肤毛孔内的油脂、污物吸出，直到米饭团变得油腻污黑，然后用清水洗净脸部，这样可使皮肤呼吸通畅，减少皱纹。

（2）猪皮去皱

皮肤真皮组织的绝大部分是由具弹力的纤维所构成，皮肤缺少了它就失去了弹性，皱纹也就聚拢起来。猪皮及猪的软骨中含大量的硫酸软骨素，它是弹性纤维中最重要的成分。把吃剩的猪骨头洗净，和猪皮放在一起煲汤，不仅营养丰富，常喝还能延缓皱纹生成，使肌肤细腻。

（3）猪蹄去皱

用猪蹄数只，洗净后煮成膏状，晚上睡觉时涂于脸部，第二天早晨再洗干净，坚持半个月会有明显的去皱效果。

（4）水果、蔬菜去皱

香蕉、西瓜皮、西红柿、草莓、黄瓜等瓜果蔬菜对皮肤有最自然的滋润效果，去皱效果良好，平时应多食用，又可制成面膜敷面，能使脸面光洁，皱纹舒展。像西红柿可捣碎取汁，然后加适量蜂蜜，搅至糊状。均匀涂于脸部或手部，待约15分钟后洗去，一般一周1～2次，具有很好的去皱美白效果。

（5）茶叶去皱

茶叶含有400多种丰富的化学成分，其中主要有茶多酚类、芳香油化合物、碳水化合物、蛋白质、多种氨基酸、维生素、矿物质及果胶等，是天然的健美饮料，除增进健康外，还能保持皮肤光洁，延缓面部皱纹的出现及减少皱纹，还可防止多种皮肤病，但要注意不宜饮浓茶，尤其是睡眠质量不高、神经衰弱者。

曾经，我们的皮肤娇嫩如盛开的鲜花，光洁如一块极品的玉，吹弹可破，总之用什么语言形容都不为过。但时间如同一个魔鬼，非要拿走女人们的这些外在资本，赋予女人另外一些东西。于是，智慧的女人们千百年以来与皱纹、衰老进行抗争，为保卫属于女人自己的东西而努力。一个个光鲜靓丽的女人诞生了，如掉落尘世的精灵，是人世间的尤物，成为五彩缤纷的世界里最亮丽的那道颜色。

由黄到白，就是这么简单

毫无疑问，没有那个女人愿意成为黄脸婆，女人无时无刻不想摆脱的就是这个可恶的称号。其实，只要我们找对了方法，与"黄脸婆"说拜拜并不是什么难事。

那么，如何让我们的美丽重现呢？最科学的方法是对症下药：

1. 皮肤衰老

"衰老型黄脸婆"的主要问题，源于肌肤表面老化细胞的沉积，所以只要去掉这些老化的细胞，就能让肌肤净白、通透。

应对措施：海洋珍珠

特殊工艺的海洋珍珠成分，是一种天然高效的"去黄"营养剂，它可以抑制黑黄色素，温和去除老化细胞，让肌肤滋润、柔软、光滑洁白。明代李时珍所著的《本草纲目》中记载："珍珠涂面可令人润泽好颜色，除面（斑）。"

2. 经常熬夜

有没有想过，影响到你肌肤状况的还有可能是你的生活习惯问题。经常熬夜、生活规律极不正常，可能让你成为一个不折不扣的"黄脸婆"。

经常熬夜的女人，在睡眠质量不能够得到保证的同时，会直接导致肠胃功能的下降，从而使得消化吸收的功能降低，产生的直接后果，就是使得皮肤不能够得到充足的营养，从而导致皮肤黯淡无光。

应对措施：早睡早起

正常的作息时间是最有效的美白、去黄方法。晚上10点到凌晨3点，是皮肤新陈代谢最旺盛的时间。如果此时仍处于紧张或者兴奋状态，皮肤的"吐故纳新"就会受到抑制，毒素长期不能有效排除，就会令肤色晦暗发黄。所以尽量不要熬夜，宁可第二天早上起来接着工作。

使自己安睡有几大方法：上床前2小时洗澡，不吃重口味的食物，不做过度的运动……另外，睡前喝杯热牛奶，吃面包或水果，也有助于入眠。

3. 紫外线辐射

日晒对皮肤的伤害已经人尽皆知了，可我们还是要强调：抵挡紫外线，减少黑黄色素的形成。所以，无论哪一种肤质，要想美白，都要防晒。

应对措施：防晒SPF

日间出门要擦含SPF配方的润肤液，如果你嫌防晒产品涂了不舒服，可以选用SPF值低一些的，如SPF15，如果你不经常在户外运动的话，这就可以有效阻挡大部分的紫外线了。

4. 皮肤干燥

这一类的"黄脸婆"往往对于美白存在一定的误区，她们认为天热时既要去油又要美白，保湿是多此一举的。其实美白本身是一个净化的过程，黑色素从表皮细胞脱落后，皮肤表层变干净的同时，需要添加水分及营养来保护。

应对措施：骨胶原

来自海洋的骨胶原成分则更是促进美白的良方，它能维持肌肤美白所需的营养，还能够增加肌肤的弹性和保湿度，让皮肤白得通透水润。

5. 压力过大

如果你的生活、工作、情感方面的压力长时间不能得到排解，这种心理上的紧张压力，会直接影响副肾皮质荷尔蒙。副肾皮质荷尔蒙具有加强全身抵抗力，以对抗心理压力的作用。如果心理承受的压力长期不能够得到缓解，则副肾皮质荷尔蒙的分泌机能就会衰退，于是肌肤就会相应地失去抵抗力，容易产生斑疹，也容易出现雀斑、青春痘，让脸色变得"暗黄"。

应对措施：去除你情绪的"暗黄"

调节你的情绪，别让生活各个方面的"想不开"破坏了你的心情，影响了你的生活质量，也影响了肌肤的亮采。减除压力的方法有很多，比如：上健身房做一些有氧操或瑜伽，看电影、看书……试着找到适合自己的减压方法，就可以恢复肌肤白皙。

6. 吸烟

香烟的"烟污染"，会令皮肤产生大量的自由基，令血液和淋巴的循环不畅，皮肤毒素不能有效排放，就会使肤色发黄，同时也可能导致色素沉淀。

应对措施：戒烟

泛黄的手指、斑驳的牙垢，都是吸烟留下的"后遗症"，所以要使脸蛋儿透出光亮、润白，戒烟势在必行。

"去黄"将是一项长期而艰难的工作，你必须一直坚持。当然，除了这些保养，化妆对女人来说也同样是必需的，它也许不能从根本上改变你的肌肤状态，但至少可以为你增加自信。

给玉颈十二分的悉心呵护

很多女人都没有意识到，颈部比面部更容易衰老，有经验的人在判断女人年龄时，也往往先看颈部。因此，如果你是一个关注细节的女人，就请多关注颈部的护理。

与面部皮肤相比，颈部皮肤更加细薄脆弱，皮脂分泌较少，保持水分的能力比脸部差很多，皮肤容易干燥老化。再加上颈部经常处于扭头、摇头等活动状态，更使颈部皮肤容易出现松弛和皱纹。如不及早保养，容易导致人未老颈先衰。就像数数年轮就能知道大树的年龄一样，看看女人颈部的颈纹也就知道了她"老化"到什么程度了。

所以，女人的颈部护养要及早开始，尤其是已过25岁的女人，在做面部护养的同时，更要有针对性地对颈部进行护养，颈部护养可从以下几方面入手：

（1）专业护理

如果你的颈部皮肤已出现松弛、缺水、轮廓感下降的情况，就有必要到专业美容院进行具有针对性的颈部护理。

现在很多美容院都开设有专业颈部护理项目，如芳香美颈护理、颈部美白护理、颈部嫩滑紧致护理等，侧重点各不相同。美容师一般会根据你颈部的状况和需求制定合适的护理方案和疗程，为你推荐美颈产品。

这种专业美颈护理一般分为清洁、按摩和敷膜三大基本步骤：首先是彻底清洁，去除颈部老化脱落的角质；接着进行颈部按摩，以收紧肌肤、淡化颈纹、美化颈部线条；最后敷抹具有高度滋润和保湿作用的颈膜，为肌肤及时补充水分和营养。这种颈部专业护理一般适合每周做1次。

（2）日常保养

如果不方便去专业美容院做颈部护理，那你也可以做好居家日常保养。同时，为配合美容院护理，居家保养也是必要的，因为单靠每周1次或每月1次的专业护理效果也是有限的。

每日早晚要使用专业的护颈霜，进行简单的5分钟按摩，并注意防晒等，这些方法都有助于增强颈部肌肤的弹性，减少、淡化皱纹，防止皮肤松弛老化。

还可选择品质好、有美白功效的按摩膏在晚上睡前自己按摩颈部，这样可淡化颈部肌肤的色素。同时，不要忘记每日坚持使用防晒霜。

（3）淡化皱纹按摩

如果你的颈部已经出现了皱纹，可以为颈部做重点按摩来缓解，以令颈部肌肤紧致，淡化或消减颈纹，并有助于舒缓颈部疲劳，对颈椎的健康也很有好处。

按摩时要使用颈霜或按摩膏，否则效果不佳。按摩步骤为：先将头部微微抬高，双手取适量颈霜或按摩膏，由下至上轻轻推开，利用手指由锁骨起往上推，左右手各做10次；然后用拇指及食指，在颈纹明显的地方向上推，切忌太用力，约做15次；最后用左右双手的食指及中指，放于腮骨下的淋巴位置，按压约1分钟，以促进淋巴循环。按摩时力度要轻柔，避免颈部皮肤受到伤害。

（4）运动美颈

长期坚持做颈部运动，不但有助于塑造颈部曲线，也可令颈部皮肤富有弹性，从而避免因下巴皮肤松弛、脂肪沉积而形成双下巴，还可缓冲颈部肌肉与皮肤的疲劳感。维吾尔族女性的颈部线条通常比较优美颀长，这和她们从小跳舞善动脖子不无关系。

因此，如果你想美化颈部线条，就需多做颈部运动。颈部运动可

以在富有节奏感的音乐声中进行,方法为:将头交替前俯和后仰;分别向左右两侧摆动,从左至右旋转,再反方向从右至左旋转;用头部画大圈带动脖颈全方位转动等。

另外,还可练习瑜伽、形体芭蕾或普拉提一类的柔韧性运动,在美化塑造全身曲线的同时,颈部形态自然也得到了美化。

"面子"重要,颈部也不能忽视。此外,女人还应当注意以丝巾或服装修饰颈部,别让它毁坏了你的个人形象。

呵护你的胸,挺出女人气质

每个女人都想拥有健康、美丽而又性感的乳房,可是你是否知道怎样在日常生活中保养它呢?万一出现了原因不明的瘙痒,时隐时现的肿块,还有其他莫名其妙的问题时,你该如何应对呢?是置之不理还是如临大敌?

还是那句老话说的好:预防胜于治疗,每位女性朋友都应当多留心自己的胸前"动向",认真呵护乳房健康。

(1)爱胸每年必做——接受专业检查

所有已婚女性,无论是否生育,都应每年一次到专业诊所进行乳房检查。医生还建议所有年龄超过四十五岁的女人每年进行一次胸部

X光片检查。

（2）爱胸每月必做——乳房自检

养成每月进行乳房自我检查的好习惯。具体方法如下：

①镜前检查。站立，双臂垂放两侧，观察乳房外形，正常的弧形轮廓是否变得不规整，有没有橘皮样的小凹点，或是有一小个陷窝，挤压时有无液体从乳头溢出。如果出现以上情况，应尽早去医院就诊。

②卧位检查。平躺在床上，以乳头为中心，用指腹按顺时针方向紧贴皮肤做循环按摩。检查时用力要均匀，以手指能触压到肋骨为宜。如果发现有结节、包块，需去医院做进一步检查。

（3）爱胸每日必做——乳房的清洁与保养

每天淋浴时应给乳房特别的关照，医生建议女性应该用专门的浴刷清洗乳头乳晕，这对先天性乳头凹陷的女性来讲尤为重要。然后以乳头为中心，用体刷对乳房做旋转式按摩，这不仅能刺激血液流通，还可轻微蜕掉上层的死皮。另外，还可以用冷热水交替冲洗乳房，以增强乳房的血液循环，这对保持乳房的弹性和挺拔很有帮助。女人如何清洗乳房——香皂在不断地使皮肤表面碱化的同时，还促进皮肤上碱性菌丛增生，更使得乳房局部酸化变得困难。此外，用香皂清洗，还洗去了保护乳房局部皮肤润滑的物质——油脂。

（4）爱胸的四个建议

医生在临床经验中发现，乳腺疾病的发病与很多不良生活习惯有关。以下因素，更值得所有的女性密切留意，并尽量做到让自己的生活方式更健康。

①保持正常体重：肥胖是患乳腺癌的高发因素。应尽可能减少高

脂肪、高热量食物，特别是油炸食品的摄入。

②慎用激素类药物：有的女人为了使乳房丰满而服用激素类药物，结果导致内分泌紊乱，这就增加了乳腺疾病发生癌变的危险。

③保持良好心境：忧郁、紧张等情绪会引起脂肪栓水平增加。保持乐观放松的心态，减少烟酒咖啡等刺激性饮品的摄入对乳房健康非常重要。

④顺其自然做母亲：调查显示，乳腺癌患者中性功能低下、高龄未婚、高龄初产、孀居者的比率明显高于其他人群。因为这类人群体内的激素水平很难维持正常，虽生育但极少哺乳或从未哺乳也容易导致乳房积乳，患乳腺癌的危险性明显增加。建议女人们应该保持正常的性爱，在最佳生育年龄生育（不要超过三十五岁），并坚持母乳喂养。

乳房对于每一个女人都是一样的重要，它不仅象征着女人的美丽，而且也是无条件母爱的标志。乳房对我们的意义是如此重要，我们当然要好好维护它的健康。

让自己浑身散发出香味来

每个女人都希望自己芳香如花，并清洁如天使，但很多时候女人都不得不面对这样或那样的问题。比如说正常的白带本来是女性成熟的标志，但它却容易发生一些病变，让你备受煎熬，成为一名惹来别人异样眼光的"味道女人"。

邵女士33岁，娇媚性感，风姿绰约，尽管一条腿已经迈进了中年的门槛，但仍旧是公司里的"万人迷"。她和公司里的每个员工都相处得很好，休息的时候和大家说说笑笑，周末还常跟女同事一起去逛街什么的。但最近一段时间，大家发现邵女士变得沉默多了，不再和同事们笑闹，总是一个人默默地坐在办公桌前，她怎么了？原来她患上了一种"难言"的病，一个星期以来邵女士在自己的内裤上发现了一些"脏东西"，还散发出一种难闻的臭味，她偷偷试着用洗剂清洗下身，可是却毫无用处，这种情况下她怎敢同别人接近？

其实邵女士并非患上了什么脏病，只不过是白带出现病理变化。在成年女子中这种病理性白带很常见，例如生殖道有炎症、特别是阴道炎和宫颈炎，或者发生生殖道肿瘤时，白带都会出现异常。

一般来说病理性白带有以下几种，它们的性状明显，很容易区分：

1. 透明黏性白带

这种白带呈蛋清状或清鼻涕状，分泌量增加，不随月经周期的变化而减少，需使用卫生护垫，其性质与排卵期宫颈腺体分秘的黏液相似。这种情况常见于阴道腺病、子宫颈高分化腺癌等疾病。此外，当体内雌激素水平增高时，如排卵期或妊娠期或服用雌激素药物后，均可产生白色透明状的黏性白带。

2. 脓性白带

黄色或黄绿色，有时呈泡沫状，有臭味，大多为阴道炎症引起。以滴虫性阴道炎最为常见，同时伴有外阴部瘙痒。也可见于宫颈炎、老年性阴道炎、子宫内膜炎、生殖道淋菌感染。

3. 乳酪状或豆渣状白带

这种白带为霉菌性阴道炎的典型特征，常伴有严重的外阴瘙痒。

4. 灰色白带

这种白带同时伴有鱼腥味，常见于细菌性阴道病。

5. 血性白带

在白带中混有血液，有如高粱米汤样的白带。此时应检查是否有子宫颈癌、子宫内膜癌等恶性肿瘤存在。常见发生血性白带的良性疾病有宫颈息肉、黏膜下子宫肌瘤以及由宫内节育器引起的少量血性白带。

6. 黄水状白带

持续流出淘米水状白带，伴有臭味。一般见于晚期宫颈癌、阴道癌或粘膜下子宫肌瘤感染。如果一阵阵排出黄水状或血水状白带，应详细检查是否有输卵管癌的可能。

如果你的身体出现问题，千万不要觉得羞于启齿，把病越拖越严重，而是应该一旦发现立即就医，让身体尽快康复，不要担心"没面子"，病情严重了你才真正"没面子"。

舌尖上的健康与美丽

女人不要把所有热情投注在置衣美容上，你还应该多关心一下自己的饮食健康，如果说健康是美丽的重要元素之一，那均衡的饮食就是健康的第一大基石。因此千万别用简便食品潦草地打发一日三餐，这可会损害你的美丽哦！

那么女性朋友在健康方面要注意哪些问题呢?

1. 早起一杯白开水

早起一杯白开水不仅可以清洁肠道，还可以补充夜间失去的水分。

2. 早餐不能省

用脑量较大的职业女性如果不吃早餐，10点钟左右就会出现低血糖症状，如头晕、心慌等，而且这也会造成下一餐进食后的血糖和胃肠负担加重，增加胆囊疾病的发病率。几片全麦面包，一碗米粥或麦片，一个鸡蛋，一个水果，这样的一顿早餐能让你一天精力充沛。

3. 蔬菜水果——多多益善

成年人每天蔬菜摄入标准为至少500克。而且最好能吃5种以上的蔬菜。另外，如果没有糖尿病等禁忌证，营养学家建议应每天吃2～3个水果。

4. 多吃奶制品

女性骨质疏松的发生率明显高于男性，这种现象在我国尤为严重。这与我国大众饮食结构中奶制品含量过低有关。通常，女性从28岁后钙质开始渐渐流失，更年期后流失速度更快。多吃奶制品是补充钙质的绝好选择。

5. 食补雌激素

现在有明显的女性更年期提前问题，很多女性40岁不到就出现了停经、潮红、脾气暴躁以及雌激素下降的症状。营养学家建议女性平时可通过饮食来增补雌激素。比如，早起用温开水送服1～2汤匙新鲜蜂王浆，并坚持每天喝一杯鲜豆浆，或者吃一份豆制品，因为蜂王浆和豆腐都含有丰富的天然雌激素。

6. 别忘了红糖

红糖价廉，却含有丰富的微量元素，对女性补血效果极好，古语有"女子不可百日无糖"，指的便是红糖，如果你不习惯直接冲水喝，不妨试试红糖芝麻小米粥。长期适量服用红糖，连皮肤都会靓丽起来。

7. 咖啡好喝要限量

每天一到两小杯咖啡就好了，特别是对女人，多喝容易引起钙的流失。而且过多的咖啡因摄入也会对神经和心脏带来刺激。夜晚喝，尤其会影响睡眠质量。如果你本来就睡不好觉，最好还是少喝咖啡为妙。

8. 与茶为友，制造苗条

茶能消除肠道内的脂肪，是女人最天然、最有效的减肥剂。因此，只要没有严重的胃肠疾病，平时可以多喝茶，尤其是绿茶和乌龙茶，更是美颜的佳品。但对于那些胃酸分泌过多的人来说,最好改饮红茶。但是茶叶也含有咖啡因,所以切忌喝过浓的茶,尤其是在孕期,临产期或哺乳期更该酌情减少。

健康的饮食可以给你提供每天所需的营养和微量元素,让你更健康更美丽。

女人永葆青春的秘密

什么样的女人最美?什么样的女人最漂亮?答案自然是无数的。要知道美丽与漂亮是有区别的。一个女人是否美丽,也许不能全看脸蛋是否长得美与丑。真正的美丽是一种光彩,是自然的流露,是一种扑面而来的感觉。

女人不运动就会过时,这似乎是现代都市女性的一句时尚宣言。而运动的目的也不再是"减肥"一个词就能概括的。爱运动的女人不认为美容化妆品可以留住青春,这就如同她们认为金钱不是万能的一样。可以说爱运动的女人比爱化妆品的女人,更懂得形体和美。

飞快的生活节奏,沉重的工作压力,以及激烈的社会竞争,让我们在旭日东升之时,带着洒脱的个性、自信的微笑、敏锐的能力迎接每一天。成天裹在死板的职业装里,拿开会、加班、应酬当一日三餐,

Part 1 生命如花，女人就是要美丽

睡眠时间少到几乎在透支生命，都快把工作的女人们鞭挞成一只不停地旋转的陀螺了。都说有事业的女人最幸福，谁知奔事业的女人多辛苦？但忙归忙，可不能就此亏待了自己，不妨忙中偷闲用运动宠爱一下自己，让自己保持健康的身体和美丽的容颜。

于是，越来越多的女人加入了运动行列，有的去女子健身中心跳健美操、练瑜伽、跆拳道；有的到附近的体育馆打羽毛球、网球；再偷懒点的，干脆在家里跟着电视节目中的口令做有氧操。在运动中，完善自我，让内在和外表的美达到永恒的统一。

荣誉艺术家徐冰就是一个再好不过的例子了。平日里她的爱好就是骑马。栗色的马鬃泛着油亮的光泽，在风里挥一挥马鞭，姿态娴熟地驾驭着那匹纯种蒙古马跃过小溪。这让每一位女性朋友嫉妒。每当在空闲的时候，徐冰穿上质地优良的骑马装，紧身的小背心、宽大的马裤、皮质很好的马靴，还有黑色的礼帽，手持马鞭，到跑马场、草地、森林去骑马兜风。徐冰告诉我们："骑马可以满足女人的无穷想象。"

那么，女人多做运动到底对自己的美丽有什么好处呢？

1. 可以让自己更加年轻。曾有一位已为人妻为人母的女人，看上去还是那么青春靓丽，浑身上下涌动着健康向上的因子，就是因为她从小就喜欢运动，把每周的健美操，看作是生活中不可缺少的一个组成部分。全副行头上身，踩着舒展优雅的音乐节奏，对着健身房里的大镜子翩翩起舞，那感觉就像又回到了十四五岁青春勃发的年龄。

2. 可以放松自己的身心。瑜伽是目前美国好莱坞最流行的一种消遣方式，麦当娜每天就要花上2小时做瑜伽，梅格·瑞恩、朱莉娅·罗伯茨、伊莉莎白·赫利、芭芭拉·史翠珊、米切尔·菲佛、格温妮丝·帕尔特洛、杰米·李·柯蒂斯都是著名的瑜伽爱好者。按瑜伽教练的说法是，练瑜伽既可以塑造诱人的魔鬼身材，又能达到减轻自身压力的效果。对于练瑜伽的女性来说，不再是为了自我改善或是出于职业需要才进行运动，而是纯粹地让身心从日常繁忙的事务中得到解脱和彻底放松。

3. 可获得更多机会。看一个人生活质量的高低，就先看看她的肚子。因为如果她拥有一副匀称的体形，就说明此人必定有高质量的生活水平和良好的生活习惯。同时，由于社会竞争激烈，更多的年轻人意识到良好的形体和干练的气质，能使自己给对方留下一个很好的印象，从而获得更多机会。于是，很多都市忙碌一族开始关注起自己的形体。

4. 能紧追时尚。张柏芝和郭富城主演的《浪漫樱花》让Parapara舞也热了起来，偶像引发的时尚潮流怎能不去追？于是，由观赏偶像进而到亲身模仿。其实这种舞蹈源自于日本，是以手部动作为主，原意是表达秋天树叶落下来的优美形态。开始在日本只是不成型的小潮流，1998年日本著名影星木村哉在日本一个电视节目里以校长的身份教跳该舞蹈，随即掀起热潮。

最后要强调一下，现代的女人尖刻而挑剔，她们需要激情和新鲜感，就像游戏需要不停升级换代一样，当她们厌倦在跑步机上的单调慢跑和"一、二，一、二"的健美操口令声时，她们的健身方式也需要不断升级。3年前，时髦的女孩都去跳踏板操了；两年前，她们在健身房玩舍宾；而如今，她们又爱上了新的运动：动感单车、瑜伽、身体充电……也许它们仅仅是变换形式的健身操，但由此带来的新奇和趣味，以及进入其中的身心愉悦，却让喜新厌旧的女人们乐此不疲。

每个人选择运动的方式有所不同，但目的都是一个——锻炼身体、磨炼意志、放松身心，以使自己从内而外更加美丽。至于运动的形式如同穿衣一样，需因人而宜，而不要一味地追赶时尚运动。

量身定制适合自己的运动计划

在生活中，尽管多数女人都知道"生命在于运动"，以及运动与治疗慢性病的相对关系，但是，随着现代社会忙碌的生活形态，很多女人的体能状况倾向于工作中的劳动，工作之外，却未针对自己的体能状况去选择适合自己的运动。

我们可以分析一下，上班一族平均每日工作超过8小时，主要的能量消耗过度集中于工作之中，交通方式多为坐车，闲时很少散步。约有10%的人选择的运动是游泳、登山或慢跑，且是没有规律的运动，而有33%的人完全没有运动的习惯，是标准的"坐式生活族"。对于没有运动习惯的"坐式生活族"的女性一定要记得养成一些健康的运动习惯，因为这对于你的身体、工作和生活都是非常重要的。

当然，也有许多的女性觉得有些剧烈运动根本就不适合自己。但你要记住：锻炼身体不是说非得去跑马拉松。关键是制订合身适用的计划，加上适度的运动，慢慢日积月累，形成一个适合自己的运动习惯，就足以使你身体健康了。那么，怎么制订合身的运动计划呢？

1. 先了解哪些运动方式适合你。你可以先想一想，都有些什么运动方式，各种运动方式的频率、强度、时间是多少，然后确定哪种运动方式你会感兴趣。有些带治疗性质的运动方法还能治疗某种身体问题。消遣性质的运动可以是增氧性运动，也可以是非增氧性的运动，也可以是一些增强技能的运动。这种运动方案的条件是：适合你的个性，能乐在其中；含有多种运动方式，不会觉得枯燥无味；简易舒适，能够成为你的生活方式之一；家人或朋友也能参加；易于开始，明显有益于生理和心理健康；能够提高你的生命质量；能够使你对自己的健康状况感到满意。

每一种锻炼都产生不同的心理效果。要获得最大收益，关键在于选择正是自己喜欢的、适合自己个性的运动方法。锻炼的方法有很多。有瑜伽功、健美操、登山、游泳、负重锻炼、增氧运动以及各种各样你以前想都没想过的运动方法。激发动力是主要问题，如果你觉得自己动力不足，那你一定要选一种相对容易天天进行的、自己也喜欢的锻炼方法，例如：每天下班，根据路途的长短可以选择少坐车和不坐车，慢慢你就会感受到你的活力。

2. 要明白自己做多少运动才够。这个问题的答案可以说是因人而异，关键是要达到运动的目的。一个成年女性每周内应尽量每天有 30

分钟或以上的适度运动。这 30 分钟可以是间歇性的累积,其中包括一些常规工作,例如:修花剪草、做家务、遛遛狗,或者是娱乐活动,或者和孩子一起玩耍、跳舞、运动以及进行一些传统的活动。低强度运动的频率应该频繁些,可以使每次运动的时间长些,或者两者兼而有之。如果你按照这个标准,大约每天可以消耗 200 卡路里的热量,等于步行两公里。长期积累,对身体非常有好处。

加拿大的一个运动生理学会制定了《体育运动指南》,其目的是唤醒那些嗜睡的加拿大女性,让她们到户外锻炼一下。该指南指出,每天适度活动大约一小时就足够了,可以改善形体,强健心脏。轻松的漫步、简易的园艺活、活动活动一下筋骨都算是锻炼;无须通过剧烈运动来增进健康。要取得这个效果,一定要每天坚持。该指南还指出:每天活动 6 次,每次 10 分钟其实是很容易做到的;它能减少你早逝的可能性,消除得心脏病、糖尿病、高血压病的倾向,甚至防止抑郁和紧张情绪。指南还说,如果你还进行慢跑或者是有氧健身运动,那么锻炼的时间可以减少为每周 4 次,每次 30 分钟。

如果你因工作忙碌或家务缠身有一段时间没有运动了,你可以从较简单的跑步或游泳开始,节奏要缓慢,以自己适应为度。一段时间后,你的体力就能得到增强,无须剧烈运动你也能逐步强壮起来。等身体状态更佳了,你就能进行强度更大、要求更高的运动了。

3. 要对运动过程中遇到的情况有所估计和应对。例如:最常见的就是女人发现自己的皮肤变得粗糙不堪,最后虽说有心坚持运动下去,但为了自己的美丽而最终舍弃了运动。因此对于女人来说,运动的同时必须拘泥一些小节,以避免运动给自己的皮肤带来伤害。

以下是建议女性朋友在运动时要注意的问题：

（1）运动前先卸妆，用中性清洁剂洗净脸部污垢，运动时如脸部残留化妆品污垢，会造成毛孔阻塞。

（2）运动时要护发，汗水、阳光和碱水是头发的天敌，运动后必须洗净头发。

（3）在户外运动时，为避免头发遭受阳光及盐分侵蚀，最好戴上帽子。

（4）运动后立即脱掉湿衣服，否则，肩、背、胸上的暗疮会在湿衣服的摩擦下再冒出来；此外，汗水黏附在皮肤上，容易长粉刺。

（5）要选择清爽浴液沐浴，因为运动时皮脂腺分泌会更加旺盛，沐浴不仅可以洗去皮肤积存的污垢、促进血液循环，还能调节皮脂腺与汗腺功能，使毛孔畅通，皮肤更光滑，要洁肤、爽肤、再润肤，避免皮肤过早老化。

（6）运动后半小时内，脸部仍会流汗，不要立即上妆。

（7）由于阳光照射会使皮肤衰老，经常运动的人要终年使用防晒霜，杜绝皮肤与阳光过分接触。

总之，为了自己的健康，为了自己的美丽，相信你一定能为自己制订一套合身的最佳的运动计划，使其效果倍增，令自己越动越健康，越动越美丽。

细节做得好,女人不衰老

衰老是不受欢迎但必定会到来的客人,但我们可以想办法让它的脚步慢些再慢些。要延缓老化,科学饮食很重要。抗老的饮食原则是减少摄取会产生自由基的食物,多摄取含抗氧化物的食物。我们应该这样:

1.保证营养均衡,坚持饮食"四舍五入法"

四舍:脂肪、胆固醇、盐和酒。五入:纤维饮食(全谷类、蔬菜和水果);植物性蛋白质(大豆蛋白);富有胡萝卜素、维生素C、E的食物;含钙质的食物(牛奶);每天6~8杯的水。

2.多摄取含抗氧化物的蔬果

富含维生素C、E、β胡萝卜素、番茄红素、多酚类(如葡萄、红酒、茶类)等的食物都有抗氧化效果,可以保护胶原蛋白不受自由基攻击而损伤。而各种蔬果里的抗氧化物质多也最丰富。

提醒你:

(1)每天尽量吃到3种不同颜色(红、橙、黄、绿、紫等)的新鲜蔬菜及2种不同的水果。吃的颜色愈多样,表示吃进愈多不同种类的抗氧化物。

（2）富含维生素C的蔬菜有西兰花、番茄、萝卜、圆白菜、青椒；水果有橙子、柿子、番石榴、奇异果、草莓、柠檬、鲜枣、山楂等。

（3）富含维生素E的食物包括核桃、腰果、芝麻等坚果类食物。

（4）每天喝1~2杯茶，茶里（尤其绿茶）都含有丰富的抗氧化物。

3. 避免高脂肪及油炸食物

高热量、高脂肪，尤其是油炸食物都容易产生自由基，加速老化。如果能减少摄食这一类食物，就等于减少了身体被自由基伤害的机会，以及皮肤出现黑斑、皱纹，罹患癌症、心脏病、中风、高血压、骨质疏松症等疾病的风险。

建议你：

（1）不要吃西式快餐。

（2）饮食以清淡为主，烹饪多用蒸或煮。

（3）如果您是中年或老年女性，热量摄入要比30岁时少10%。

4. 多食含丰富纤维素的食物

纤维素能强化体内排毒功能，还能强化肠道蠕动，免受便秘之苦。食物中含高纤维的有蔬菜、糙米、玉米、燕麦、全麦面粉、绿豆、毛豆、黑豆、杏仁、芝麻、葡萄干等，都是抗老化的好"帮手"。

5. 多吃一些富含胶质的食物

如猪皮、猪脚、鸡爪、海参之类食品，有助于皮肤保持弹性。

6. 传统上重视食补

一些药食同源的食品也是抗老化的重要帮手。

蜂乳、花粉、枸杞、红枣可滋润肌肤，达到美容功效；山楂、玉竹、桑椹可预防脂肪堆积及动脉硬化；核桃、首乌、黑豆则可以防治白发；金针菇、黑木耳、香菇能软化血管，防止癌症。

女人们需要认识到，合理健康的饮食，除了可以为我们提供足够的营养，还可以由内至外改善我们的身体状态，让你年轻10岁不是梦！

把美貌的正向作用发挥到极致

美貌是上天赋予女人特有的优势，每一个女人都是漂亮的。在这个以男性为主导的社会上，需要之时，偶尔施用一下你的美貌，足以令我们摆脱人生中的许多困境。事实正如亚里士多德曾经说的那样："漂亮较之一封介绍信更有说服力，也更容易被人们所接受。"

刚毕业于北京某外语学院的何蕊，目前在某集团公司旗下的一家物业公司从事人事工作，靓丽的外表给初入职场的她加分不少。虽然才进公司两个月，但她现在已经开始独立负责一个项目的招聘事宜了。由于长得比较漂亮，她在公司中非常招同事喜欢，而主管们也都很愿意把事情交给她做，相比其他人来说，美貌给她带来了许多机会，即使有时候犯错了，只要她态度谦虚点儿、可爱点儿，领导们也就不忍心太过指责她了。

24岁的欧阳目前在上海一家公司从事工程造价工作，刚一上班就收获了大把人缘，大家都知道公司新来了个美女，长得很漂亮还很有才气。每次公司要举办什么联欢活动，大家都会让她去表演，欧阳简直就是公司的"明星"了。"不过由于经历尚浅，她在工作上偶尔也会犯错误，但领导总是不忍心太过批评。此外，这份工作经常需要跑工地，但领导很少让欧阳去工地，而是带她去一些与造价有关的活动现场，既长见识，又不用那么辛苦。几个月下来，欧阳不仅外形给人留下了深刻的印象，能力也得到极大的锻炼和提高。

显而易见，无论是在影视剧、还是现实生活中，美女所占有的优势都无需多说。虽然曾有人酸溜溜地说："漂亮的女孩都是花瓶，中看不中用。"但事实上，花瓶如果摆放在了最合适的位置上，它无疑就是一件耀眼的艺术品。

或许你的相貌平平，对此你没有自信。其实不必，事实上又有几个女孩是天生丽质的呢？这世上没有丑女孩，只有懒女孩！只要你肯精心打造自己的形象，那么出现在别人眼前的就一定是个养眼的美女。

也不要以为用美貌去推动成功就是低俗、下贱，我们无需用色相去引诱别人，以达到自己的目的。我们只是在有能力的前提下，适当地、有度地去发挥美貌的作用，与人无碍，自尊自爱，既不碰触道德的底线，又能推动自身事业的发展，这怎么会是低俗呢？

青春短暂，韶华易逝。聪明的女人，请善用你的美貌，让其成为打通优雅人生之门的资本吧。

Part 2
妆容服饰，荡漾女人如水气质

想要气质出众，妆容和服饰上千万不能偷懒。要知道，如今这世道，漂亮的女人都会捯饬自己，就算你本身天生丽质，也很容易被别人压过去。想要时刻成为人群中醒目的焦点，想要男神在茫茫人海第一眼就看到你，想要无论何时何地都有挺直腰板的自信，就一定不要忽视妆容和服饰。

会美女人，清妆淡抹总相宜

人们常说："三分长相，七分打扮。"一个女人如果不懂得利用化妆来演绎自己的风情和美丽，那真是一种遗憾，而如果一个女人太看重化妆而又不懂化妆，那就更让人惋惜了。

我们其实渴望自己是化不化妆都很美的女人。就是说，我们不能总是"一张不化妆的脸"，也不能总是"一张化着妆的脸"。那都太单调、太欠丰富。

女性在化妆时的表情和心情是最好的，抹眼影涂口红的瞬间，眼睛和身心都会因为美丽的层层实现而大放光彩。落妆时则有卸下束缚的放松感和自由感带来的美丽。

女人身上总有一场看不见的"化妆"与"素面"的争论，她们在比较谁更漂亮。此时的女人一定会站在"素面"一边，因为女人在无意识中都希望自己化妆前比化妆后更美丽。实际上这种美化了"素面"不输给"妆面"的心理会成为一种能量在每晚鼓励着女人，认为"素面"真的会增添些美丽，而不怕年龄的增长。不久后，女人又希望用化妆使"素面"的美丽增倍，渐渐地，随着化妆技巧的提高，"妆面"也变得更美了。

Part 2 妆容服饰，荡漾女人如水气质

"素面"与"妆面"来回交替的过程中，女人变美了，这就是化妆真正应达到的效果。因此，女人谨记，千万不要成为"永远不识真面目的女人"或"永远不化妆的女人"中的任何一种。

有一位化妆师，她是真正懂得化妆，而又以化妆闻名的。

一次，有人问她："你研究化妆这么多年，到底什么样的人才算会化妆？化妆的最高境界到底是什么？"

对于这样的问题，这位百媚千娇的化妆师露出一个深深的微笑。她说："化妆的最高境界可以用两个字形容，就是'自然'，最高明的化妆术，是经过非常考究的化妆，让人家看起来好像没有化过妆一样，并且这化出来的妆与主人的身份匹配，能自然表现那个人的个性与气质。次级的化妆是把人突显出来，让她醒目，引起众人的注意。拙劣的化妆是一站出来，别人就发现她化了很浓的妆，而这层妆是为了掩盖自己的缺点或年龄的。最差的一种化妆，是化过妆以后扭曲了自己的个性，又失去了五官的协调。"

化妆师又继续说："这不就像写文章一样？拙劣的文章常常是词句的堆砌，扭曲了作者的个性。好一点的文章是光芒四射，吸引了人的视线，让别人知道你是在写文章。最好的文章，是作家自然的流露，不是堆砌，读的时候不觉得是在读文章，而是在读一个生命。"

多么有智慧的人呀！可是，"到底化妆的人只是在表皮上做功夫。"对方感叹地说。

"不对的，"化妆师说，"化妆对女人来说只是最末的一个枝节，它能改变的事实很少。深一层的化妆是改变体质，让一个人改变生活方式。保证睡眠充足、注意运动与营养，这样她的皮肤得到改善、精神充足，比化妆有效得多；再深一层的化妆是改变气质，多读书、多欣赏艺术、多思考，对生活乐观、对生命有信心、心地善良、关怀别人、自爱而有尊严，这样的人就是不化妆也丑不到哪里去，脸上的化妆只是化妆最后的一件小事。我用三句简单的话来说明，三流的化妆是脸上的化妆，二流的化妆是精神的化妆，一流的化妆是生命的化妆。"

然而，岁月无情，时间是摧毁女性娇容最残酷的杀手。谁也无法拦住时间的列车，也无法使自己的肌肤永远像少女一样娇嫩白皙。于是，用化妆来掩盖岁月之痕，便成为古今中外女性留住青春的重要手段。

其实，浓妆艳抹毕竟只是一种精神上的自我安慰，化妆品美容的功效毕竟是经不起岁月考验的。美不仅仅表现在肌肤的细嫩白皙上，女性的美更表现在气质优雅、成熟、有文化的内涵上。于是，一些聪明的女性在充分认识化妆品美容功效的局限性后，开始将心思用在了培养气质美、成熟美、情操美，以及丰富心灵的内涵上，这样的美才能愈久愈醇，永葆活力。

岁月不饶人，要使女人容颜保持鲜艳明媚，需要一些技巧。

（1）粉底别打的太厚

年轻最重要的标志是能素面朝天。走在年轻边缘的女人，厚厚的粉底会突显老态，因此装扮时应选择稍有遮盖力的液体粉底，用以打造面部底色，突出妆面的素净感觉和迸发活力。

（2）只画眼线不要太多修饰

眼线的年轻化修饰，通常是只画上眼线，且保持眼线光滑圆润。

操作时,最好用右手持眼线笔,左手轻轻掀起或向上撑开上眼皮,由外眼角往内眼角描画。描画时,需一点一点地移动,并保持线条光滑圆润,这样才会让眼睛看起来水灵、有朝气。

(3)亮色粉底,提亮黑眼晕

眼部是最早衰老的。如果眼睛下方出现黑眼晕,会让魅力大打折扣。这时,抹一点比肤色稍亮的粉底,会为肌肤提亮不少,让人一时猜不出你的年龄。

(4)巧画眉形凸显年轻

若想有一双年轻漂亮的眼睛,光描画眼睛是不够的,修饰眉毛也是一大关键。根据最新流行,高挑细眉已不再吃香,较粗,而眉梢处略略上扬的眉形最能给人天然的感觉。如果你仍嫌不够,想再时尚一些,不妨刷上一些深色的眼影粉,保准效果一流。

(5)唇妆靓丽要多修护

重视唇妆的形象,可以令女人在成熟的魅力下隐隐透着年轻的活力。当然,我们所说的"唇妆不要太重",只是指唇妆要色淡,趋于自然。这时,一抹略深的肉色就足矣。但如要造就娇唇欲滴的感觉,别忘了再在唇膏上涂上一层修护油。要么,一抹略带粉色的唇彩也能达到同样的效果。

(6)年轻态腮红,用蝌蚪形说话

腮红不应是涂鸦,想有年轻态的腮红更要花些功夫。一般地,宜以接近肤色,略带润红效果的颜色为最好。而淡淡的粉色应该是最有说服力的。操作时,先蘸取少许腮红,将腮红刷上的干粉轻轻抖落在手背上,再刷上脸。具体的修饰部位应在颧骨与颧弓之间。切忌打得太生硬或太深。蝌蚪形的腮红形状会让你显得更年轻。

漂亮得体的妆容，可以让你淋漓尽致地展现自己的魅力和存在感，掩藏你的年龄，帮你重现青春光彩。

首饰怎么戴，才更显气质

虽然我们都喜欢首饰，但事实上，真正掌握首饰佩戴要领的却并不多，要知道，只有学会正确的佩戴方法，我们才能将自己打扮得更加适度，更加出众。

那么，下面我们就来说说女性佩戴首饰的方法：

（1）要注意脸型

这主要是针对耳饰来说的，事实上，耳饰只有与个人的气质、脸形、发型、着装等合理搭配，才能彰显女性的魅力，达到良好的修饰效果。

在佩戴耳饰方面，尤应注意的是与脸型的搭配。耳饰靠近脸，我们佩戴耳饰是为了对脸部起到一种平衡的作用，如果选择不好，反而适得其反。一般来说：

圆形、椭圆形脸选择耳饰时可以随意一些；但最好不要佩戴圆形耳环，这样会显得脸部浑圆胖大。

方形脸、长脸型应选择圆弧形耳环

有小尖下巴的女性应选择圆形吊坠式耳环,借以增强脸部的圆润感;

(2)注意掌握颈、胸饰的佩戴

要知道,女性身体上最美、最微妙的地方就是脖子和胸部。所以这两处的装饰被称作"一切饰物中的女王"。而这两处的装饰,则主要体现在项链上。

几乎所有的女性都带项链,这是较为普遍的装饰品。事实上,由于颈部长短粗细各不相同,我们在佩戴时也要有所注意。

颈短的女性应选择细长款式的项链,这会令你的玉颈显得修长一些;

颈部细长的女性应佩戴略微粗一点的项链或者大圆珠宝石项链,这样看起来会更协调一些。

(3)注意手部的装饰

手镯

手镯对于时装有着不可忽视的装饰作用,恰当的佩戴手镯,会令你的女性魅力更显高贵。不过我们在佩戴手镯时也要注意:

如果你的手臂修长,手腕细小,应将手镯戴在接近手腕的地方;

如果手臂很瘦,那么应该选择一些细小金属手镯或手链佩戴,不应选择粗大的玉镯,否则会使原本就消瘦的手臂显得更加瘦骨嶙峋;

如果你的手指粗短、指甲也有些不尽人意,那么手镯佩戴的位置就要稍高一些,使别人的注意力离开你的手。

手臂和手腕略显丰润的女性,应戴宽而厚的玉镯,这样会使你的手腕和手臂显得细小、雅致一些。

戒指

戒指也是非常普遍的装饰，但事实上，它的佩戴也颇有讲究。一般而言：

手形纤细而手指修长的女性，在戒指的款式上可随意一些，尤其是较大一些的珠宝戒指，更会将纤纤十指衬托得分外秀丽；

但如果你的手指不是那么理想，略嫌粗短，那么可以佩戴上蛋形戒指，但注意要选择窄边指环，这样会使你的手指看上去细长一些。

香水虽好，但讲究不少

国人常说"闻香识女人"，可可香奈儿也说"不用香水的女性没有未来"。可见，香水对于女性魅力的形成，具有不可忽视的作用能。的确，香水够赋予女性不同的味道与魅力，也许在不经意间的一抹香气，就会让我们的魅力指数迅速飙升。不过有时，倘若我们香水使用的不得当，也难免会造成"身边人根本不敢呼吸"的窘况。那么，究竟我们在使用香水时应注意哪些礼仪呢？大家一起去看一下：

（1）香水应该喷在刚洗过的、干净的头发上，如果头上有灰尘或油脂，会使香水变质。

（2）香水可以抹在裙摆两侧，也可以在熨衣服时加一点香味。

（3）香水喷在棉质、丝质的衣物上容易留下痕迹，忌喷在皮毛衣物上，此举不但损害皮毛，而且衣物颜色也会发生改变。

（4）探望病人或是去医院就诊，请尽量使用淡香水，以免影响医生和病人。

（5）参加正式、严肃的会议，切忌使用浓香水。

（6）在工作场合，不要使用个性强烈的香水。

（7）在宴会上，香水应涂抹在腰部以下，这是基本的礼貌礼仪。另外，过浓的香水会影响食物的味道，也可能造成别人食欲降低。

穿出你的特有气质来

什么样的衣服才算"好衣服"？其实很简单，除了与自己的年龄、身份、肤色、身材及穿着的场合相吻合外，无非是这么几个要素：样式别致、颜色谐调、质地上乘、做工精良。但问题是好的衣服大家都知道，"不好"的衣服却未必人人皆知。借用托尔斯泰的语式来说，就是好的衣服大致相同，不好的衣服却各有各的不好。现如今不少报刊总是对"好"衣服给予大量篇幅，到处美人纤体华服，虽然营造了当前经济、文化、社会等无处不在的商业气息，然而，讲讲"不好"似乎更有些实实在在的用处。

曾有人说，在人类文明的衣、食、住、行的最初形式之中，衣服是最富有创造性的。的确，衣服是人的第二层皮肤，特别是对女性来说，无论是其衣服的造型还是制作，都要追求独具匠心的创造，确立自己的着装风格，并通过这种创造演绎出一种令人难忘的审美情感。

服饰也有个性。要学会用能表现自己独特气质的服饰装扮自己，使装扮与自己相符，内在的气质与外表相一致，就看着"顺眼"、"舒服"。比如，文静偕清淡简洁、活泼伴鲜明爽快、洒脱宜宽缓飘逸、高傲忌繁复的装饰和柔和的暖色，等等。你一定有过这样的经历，穿上一身得体的衣服，心情会立刻好起来，头不扬自起，胸不挺自高，步子迈得比平时轻盈，人也特别有信心，无论是走在街上，进到商场里，或是在办公室，好像普天之下没有什么办不成的事。

其实，衣着打扮并不神秘，任何人只要肯留心，都能掌握最基本的要领。我们平常所讲的"风度"，就是内在气质与外在表现相互衬托、彼此辉映的结果。风格的形成越早越好，因为有了风格，你的体貌特征才能与服饰间出现规律性的结合，使你的形象给人带来无与伦比的贴切感。有风格还不怕老，因为越老，风格越成熟、越突出。有风格一定会带来自信，因为风格是个性的东西，别人可以羡慕，却无法效仿，这样，你就可以成为时尚上独立的载体。

生活中，我们很少将风格与自身的特点及其穿衣方法挂钩，因此人们才会面临着无数的装扮烦恼：我该留什么样的发型？穿哪种款式的衣服？戴多大的耳环？穿什么样的鞋型？为什么今年流行的那款裙子我穿着不对劲，等等。你会发现这些烦恼都来自一个问题，那就是

Part 2 妆容服饰,荡漾女人如水气质

我到底适合什么。

我到底适合什么?要解决这个问题,唯一的办法就是要搞明白"我是谁"。

首先,你要了解自己的外形特征,这里分为外型的轮廓特征和体量特征;其次,要了解由自己的面部、身材、神态、姿态及性格等与生俱来的元素所形成的气质和氛围给人带来哪类的视觉印象,即周围人往往用哪类的形容词来形容你,以此找到自己的风格类别归属;最后,通过对女性款式风格类型的理解,按自己的风格类别归属去扮靓自己。

无论你身材高低,五官如何,你都会有你确定性的风格和魅力。风格不是"我想怎么样""我要怎么样",而是"我是什么样的""我就是这个样的"问题。因此,我们不用羡慕别人的身高和美腿,也不用模仿谁的发型,更不能盲目地跟随流行。不把"底子"弄明白就往上添加东西,结果是可想而知的。应该说每个人都有属于自己的美,也就是自己的个性魅力。只是人往往不知道金子就藏在自身,总到别人身上去挖宝,却不知道真正的宝藏就是自己。

所以,与其说是衣服的不好,不如说是穿的不好,或者说有几样忌讳是穿衣服时要考虑的。

一是忌凌乱。衣服的样式是简洁大方的好,不能有过多的装饰,如花边啦、穗子啦、带子啦等等;另外,色彩千万不能多,一般说全身上下主色调不应超过三种。曾在大街上看见一个女孩,至今记忆犹新。她穿着桃粉色白花上衣和淡黄色杂花裙子,一双黑高筒袜,一双红皮鞋,居然还戴了一顶白帽子。本来这姑娘如花似玉,可被这一身

打扮毁了，很多人看她的目光里都闪着惋惜。这还使我想起一个朋友，人家给他介绍对象刚见一面就吹了，问其原因，他说，他数了那姑娘身上穿着的衣服共有七种颜色，所以断定她是一个修养和品位不高的人。呜呼哀哉，那姑娘可能根本不知道是颜色误了终身。

二是忌质差。衣服的质地无非是丝、绸、棉、麻、毛、呢、化纤等，料子则有薄厚和粗细之分，在搭配衣服的时候应考虑质地的相近和一致性，而不要相差太大。比如，厚重的上衣不能配轻薄的裤子或裙子，而真丝的衣服也最好别跟尼龙的东西混穿，另外，挺括的和易皱的、粗糙的和细致的、时装与休闲装等不同质感、不同风格的衣服，在着装和出门前都要慎之又慎，三思而后穿。

三是忌匠气。曾见过这样一个女孩，她穿着粉色的衣裙，粉色的袜子，粉色的皮鞋，背着粉色的包，头上还扎着一条粉色的缎带。这种装扮不能说不讲究、不用心，但给人的感觉是过于雕琢、过于刻板了，像个粉色的云团怪怪地飘在街上，看上去反而不舒服。除非在特殊场合，一般场合下，穿衣服还是以自然、随意为好，因为说到底衣服是为人服务的，让自己和他人都觉得"叫劲"的衣服，劝君束之高阁。

风格是每个人都拥有的，千万不要认为只有漂亮的人才能谈风格。风格绝对是每个人自身散发出来的一种与生俱来的氛围和气质，是你区别于任何其他人的个性标志，也是你要进行打扮的"底子"。

Part 2　妆容服饰，荡漾女人如水气质

国际通用女士着装规范

在古时候，女人们深居简出，依赖男人生存，那时的女人在穿衣打扮上，更多的是为了取悦男人。但时至今日，女人们的独立意识已经日渐完善，女人穿衣，不仅仅是美丽的体现，也是为了显示身份，维护尊严。

那么，对于现代女性而言，我们着装的最基本要求是什么呢？在这里，本书为您介绍一下国际通用的着装规范——"TPO原则"，所谓"TPO"，即英语单词时间（Time）、地点（Place）和场合（Ocasion）的缩写，也就是说，我们的着装要符合时间、地点和场合。下面，我们就为大家详细介绍一下：

1. 休闲服饰

我们在选择休闲服饰时，应注意色彩的亲切柔和，面料应易于吸汗，不需熨烫等复杂打理。

在穿着时，要尤其避免体臭和服装异味，注意保持休闲服饰高度洁净的品质和魅力。

2. 职业服饰

（1）办公职业装

办公职业装的色草不宜过分张扬，防止影响工作及整体工作效率。我们在穿着职业装时，应尽量考虑与办公室的色调、气氛相协调，而且要注意与自身的职业相搭配。办公室着装最忌讳坦露、花哨、反光，款式应力求端庄、简洁、持重和亲切。

（2）外出职业装

外出办公的服装在款式上应注重整体感和立体感，以舒适、简洁、得体为最佳，过紧或过宽、不透气或面料粗糙的服饰，并不适合这个时候穿。一般来说，略正式的场合可穿西服套裙；较正式的场合可选用简约、干练，品质上层的上装和裤装；一般性场合，虽然可略随意一点，但一定要注意符合职业特性。

另外，外出工作，着装最忌张扬，这是一定要注意的。所以在色彩上我们应注意，不要复杂化，不要太过耀眼，并切应与发型、妆容、手袋、鞋和谐搭配，不要给人冷艳高傲的感觉。

3. 礼服

（1）晚礼服

适合穿晚礼服的场合主要是庆典、晚会、宴会等等。

闪亮的服饰是晚礼服永恒的风采，不过需要注意，我们在穿晚礼服时，全身除手饰之外的亮点应不超过两个。穿晚礼服的基本原则是雍容典雅，布料质量需上层。

在晚礼服的分类上，着西式晚装时应强调美艳、性感、光彩夺目；着中式旗袍时，应注重体现女性的端庄典雅、含蓄秀美。

（2）公务礼服

公务礼服用于较为正式、隆重的会议或是迎宾接待。

穿着公务礼服，应尤其注意面料品质。在色彩方面，应以黑色和贵族灰为主，不可选用流行的时尚色系，以免显得轻浮。在做工方面应力求做到精致，并注意搭配精美小巧的饰品、手袋以及质地优良的鞋子。

女性穿内衣的礼节与禁忌

每个女人都穿内衣，但并不是每个女人都会穿内衣，毫无疑问，这里面既存在技巧的问题，也有有观念的差异。

那么，女性穿内衣时有哪些礼节和禁忌呢？我们来看一下：

1.礼节：

（1）标准：胸衣、内裤的尺寸一定合适，即，穿上身以后仍可保持身体线条的流畅，而不是被内衣捆绑成肉粽一样。

（2）颜色：内衣的颜色应与外衣颜色相协调，避免外泄，在正式场合或工作岗位上，应选择与肤色相近的内衣为妥。

（3）款式：内衣款式应与场合相协调，如在公共场合和工作场合，最好不要穿与社会主流文化相抵触的、过于性感、招惹是非且安全系数低的内衣。

2. 行为禁忌：

（1）不要在公共场合毫不遮掩地随意整理内衣，当我们感觉内衣穿着不舒适时，应就近寻找卫生间进行处理，要知道，公共卫生间的功能不仅仅是解决"如厕"问题。

（2）不要在长辈、上司、高身份之人的视线内整理内衣，这是轻浮且很没有教养的行为。

（3）不要在异性面前整理内衣，这是非常不庄重的行为。

（4）不要在小辈面前整理内衣。在晚辈面前应起到良好作用，作为女人如果小孩都不尊重你了，这是最悲哀的。

（5）不要穿过透的外衣，避免内衣外泄。

白领丽人日常职业形象礼仪

对于职场女性而言，保持良好的形象非常重要，这俨然已经成为职业竞争中不可忽视的一大因素，而要保持良好的职业形象，那么我们就不能不注意自己形象礼仪。大体上说，职业女性需要做好以下9个方面：

（1）服饰端庄：不要穿得太薄、太透、太露，衣服上不要沾有脱落的头发、头屑、保持整体的干净整洁，衣服的表面无明显的内衣轮廓痕迹。裙子不能太长，更不能太短；不能太宽、太松，更不能太紧；裙缝位要正。

（2）头发要保持干净整洁，显露自然光泽，不要使用过多的发胶；发型要设计的大方得体、高雅、干练，刘海儿不应遮住眼睛。

（3）化淡妆：眼睛不要描得太黑，粉不要太厚，唇以浅红为佳。

（4）指甲要精心处理，不能太长；更不能太怪、太艳。

（5）鞋要保持洁净，款式力求大方简洁，不要穿装饰过多、色彩复杂，或跟部太高太尖的鞋子，避免走路时发出过大的声响。

（5）不要佩戴太夸张、太突出的饰品，走动力求做到饰品安静无声。

（6）应保证丝袜无钩丝、无破洞、无修补痕迹，皮包中应随时放置一双备用丝袜。

（7）衣服口袋中只应放置一些小而薄物品，避免使衣装轮廓走样。

（8）公司标志需佩戴在要求的位置上，私人饰品不可与之争夺外界的注意力。

白领丽人职业装色彩搭配

职业女装穿着的环境主要以办公区域为主，这里空间有限，从心理学上讲，人们都希望能够获得更多的私人空间，所以，职业女装最佳的色彩选择应是低纯度色，这不仅会减轻拥挤感，也会在心理上拉近你与同事之间的距离。

那么，下面我们就为大家介绍几种低纯度色彩的衣物搭配：

（1）白色

事实上，白色可以与任何色彩搭配，不过要搭配得优雅精致，也着实需要我们花点心思。一般来说：

白色下装配条纹式淡黄上衣，是非常柔和、非常有品位的色彩组合；象牙白长裤，配纯白衬衫，外着淡紫色职业西装，也是一种很不错的选择；象牙白长裤与淡色休闲衫配穿，也不错；白色褶折裙配淡粉红色毛衣，会给人以优雅温柔的感觉。

（2）黑色

黑色也是个百搭百配的色彩，将黑色与各种色彩巧妙搭配，都会别具风韵。譬如说，一条米色纯棉的休闲裤，配上一件黑色印花T恤，一双浅色的休闲鞋，会让你看上去风采迷人。

（3）蓝色

蓝色也同样很容易与其他色彩搭配。无论是近似于黑色的蓝，还是深蓝，均是如此，而且，蓝色还具不错的瘦身效果。

在一些正式场合，黑蓝色合体外套，搭配白衬衣，会给人以庄重而又不失浪漫的感觉。

修身蓝色外套搭配蓝色的及膝裙子，再配以白衬衣、白袜子、白鞋，会让你的职场形象看起来轻盈秀丽。

蓝色上衣搭配细条纹灰色长裤，会塑造出一种素雅的职业形象。

（4）米色

不要以为米色就穿不出严谨的味道，其实这并不难。比如，我们可以选一件浅米色的高领短袖上衣，再配上一条黑色的精致西裤，脚上踏一双黑色尖头中跟皮鞋，那就是活脱脱的职业女性形象——含蓄而优雅，明朗却不耀眼。

（5）褐色

夏季，褐色上衣搭配褐色格子长裤；冬季，褐色厚毛衣搭配褐色棉布裙，通过二者的质感差异，可以表现出可以表现出成熟女性特有的优雅风韵。

各种场合服装色彩的选择

色彩是一种无声的语言，将它运用在各种场合上，可以体现出我们的修养与礼仪，更重要的是，它也是一种身份的标识。打个比方说：在医院中，我们见到白色职业装的，便知道那是医生或护士；在商场中，我们见到那些穿特定服装的女性，便知道那是导购小姐等等。斑驳的迷彩服，发挥了伪装和保护作用。

那么，在各型各色的场合上，我们应该怎样选择自己的服装色彩呢？我们一起去看一下：

（1）商场、服务行业

商场、服务行业职业装具有特殊的作用。一般来说：

做饮食服务工作的女性最适合穿白色，因为这会给人以洁净、卫生的整体印象。

在商场中，商品琳琅满目，色彩纷呈，销售人员则宜选择素雅、明朗、单纯的色调来协调环境，比如奶白色、淡蓝色、银灰色等等，不宜穿色彩张扬活复杂的服装，因为这样会使商场看上去显得杂乱无章。

在高档商品厅，销售人员宜穿深红、普蓝、米黄等雅致的色彩，

这是为了衬托厅中商品的考究与华贵。

宾馆服务人宜穿暖色调,它所表示的是热情、周到,可以给客人以温暖、亲切的感觉,但色彩不宜暧昧,应注意色调的稳重、端庄与淳朴。

(2)社交场合

面试

面试时,我们应该根据所应试的职位选择服装的款式和色彩。如果我们应聘的是公关文秘人员,那么应选择高雅的色彩和款式;如果应聘的是内勤工作人员,则应注意色彩和款式的整洁大方、利落和朴实;如果我们应聘的是职业经理人,则应以给人以端庄稳重、精明干练的印象,一般来说蓝色被称为应征色,是面试者眼中最稳重的颜色。

开会与洽商

在这些场合上,我们可以在服装色彩的选择中加入一点个性因素,但要注意,色彩的选择应以"让别人更好地接受自己"为前提,一般来说,在商业谈判中,不宜穿过于张扬、易于引发冲突的红色。如果想强调自己的理性,我们不妨选择蓝色作为主色;而如果要表示自己的诚意,则灰色调比较合适。

约会、宴会与舞会

在与情人约会时,我们可以穿粉红色调或淡紫色调,这被认为是最能表达爱意的色调,不过,在与普通异性朋友约会时则不宜选用,以免造成不必要的误会。

应邀参加舞会、宴会时,首先要对其性质、环境等相关事宜有一个了解，这样我们才能做好自己的角色定位，选择合适的色调。一般来说，色调不要过于艳丽华贵，这会产生喧宾夺主的感觉，但也不要过于灰暗，这会让人觉得颓废、消极，或是压抑。

  总而言之，在形形色色的场合中，我们衣服的色调应该附和自己的角色，尤其是职业服装，色调的选择更是不可忽视。

Part 3
底蕴深厚，锻造内在气质风景线

　　女人的气质是通过长期的内在修养后，从身上散发出的一种高雅气息。气质首先源于女性的内在美，这种内在美成熟以后，会自然表现出来，从而使女性产生一种优雅、大方、端庄、娴静的美丽，让人从内心敬重，让人觉得与众不同。

美丽，其实是种心力

　　美丽是一种态度，一种愿意让自己美丽的态度。

　　一个人，尤其是女人，外表美不美，老不老，在很大程度上是由自己的心态决定的。当一个人被坏情绪左右时，她的容貌也会失去光华。我们可能都曾见过，一些容貌靓丽的女子在内心充满痛苦时，脸部也发生扭曲和变形。相反，当一个人心情好的时候，再平常不过的容貌，也可能会因为内心的平衡和满足，透出那么一股神清气爽来。

　　有这么一个小故事，很能说明问题：

　　以前一个手艺高超的雕塑家，他非常喜欢雕塑夜叉及各种妖魔鬼怪，并且雕塑得惟妙惟肖。但是有一天照镜子时，他突然发现自己的面貌越来越丑了。丑并不是说肤色和五官改变了，而是指神情与神态，变得狡诈、凶恶、古怪了。于是他遍访名医，均无办法治愈。

　　后来一个偶然的机会，他在游历一座庙宇时，把自己的苦衷向庙中的长老说了。长老说，我可以治你的病，但不能白给你治，你必须为我先做一点工，雕塑几尊神态各异的观音像。雕塑家听后接受了这个条件，由于观音在中国的传统文化中就是慈祥、善良、温和、宽仁、正直的化身，雕塑家在塑造的过程中也不断地研究、琢磨观音的德行言表，不断模拟观音神情，达到了忘我的程度。

渐渐地，他惊喜地发现自己的相貌已经变得神清气朗，端正庄严。他感谢长老治好了他的病。长老说："不，你的病是你自己治好的。"

相由心生。坏心情就是一种病，让我们失去美丽的顽症。

走在路上，我们常会看到一些女人，她们神色凌厉，眼中尽是牢骚与不满，一开口更会让人瞠目结舌，在她们心中，似乎永远装着不如意：事业、老公、孩子……生活的每一处，似乎都有值得抱怨的地方，在这种抱怨中，她们脸上呈现出的不是经过岁月沉淀的睿智和知性，而是让人望而生厌的市侩庸俗，可以说让她们失去美丽的不是时间，而是长久的坏心情。

现代社会给了女人太多美丽的机会：时装、美容、整形、健身，女人为了美丽并不吝啬花钱，却很少有人在装扮心情上花一点功夫，有的人尝试了几乎所有变美的方法，不仅没有令别人惊艳，就连自己也越开自己越不顺眼，以致于有些整形医生发出感慨地说："你应当去做心理整容了。"这就是说，如果没有美丽的心态，怎样整容都不会变得美丽的。

真正爱美的人，需要从精神、心灵的美容开始。

不流于俗，便能流淌成诗

在世界上美丽的女人实在多得不计其数，但真正脱俗的美丽女人那是少之又少。黛安娜的美丽，令全世界男人向往；郝思嘉的美丽，因其独具的魅力受到人们的称赞。美丽高贵的女人几乎没有人能抵挡得住她们的力量，那是因为她们身上具有脱俗的魅力。

脱俗的女人是很有魅力的女人，这样的女人对于男性来说，永远是神秘的。当今世界不断上演着爱情的悲喜剧，而且将永远继续下去，这其中吸引男性的原动力就是女人的魅力。女人的魅力有很多因素，从外表的姿容到内在的性格、知识、修养等。自古以来，就有这样一种女人，她们好像生来就超凡脱俗，有一种娴雅和诱人的魅力，使得她们在男人的心里永存。

有首诗写道："我只是看见她走过我的身边，但是我爱她直到我死的那一天。"许多历史上令人难忘的女人们所具有的，不只是性感，更重要的是她们有迷人的妩媚和内涵。令人难忘的女人是美丽、善良、温柔、热情、有内涵、能吃苦的，她们能体谅别人的苦衷，做任何事情都全神贯注，从不在乎别人说什么，她们并不多说话，也不过多装扮自己，但当男人和她们在一起时就会感觉到快乐、轻松、悠然。她们是男人心目中期盼的女神。

有一位诗人在给他的情人的诗中写道："多少人爱慕你的年轻，多少人爱慕你的美丽，多少人爱慕你的温馨，可有一个人，他爱慕你的圣洁灵魂，爱慕你衰老的面孔，爱慕你痛苦的皱纹。"女人的美丽，更重要的是灵魂和气质，女人的美丽首先是有女人味，有女人味的女人犹如温醉的空气，如听箫声，如嗅玫瑰，如躺在天鹅绒的毛毯里，如水似蜜，如烟似雾，有女人味的女人一举步、一伸腰、一掠鬓、一转眼，都如蜜在流，水在荡，里面流溢着诗与画无声的语言。真是："盈盈一水间，脉脉不得语。"

但凡脱俗的女人，我们都会在心中用天使去比喻她，她们好比天使般纯洁无瑕，她们就是天使。男人希望自己的女人都是天使，女人也希望自己在男人心中是天使。那么，有品位的女人，一定要提高自己的修养，能够让自己的表现脱俗。

脱俗的女人是有内涵的，是有品位的，她们有渊博的知识、睿智的语言，在事业上创造进取。这样的女人是众人乐于交往的对象，这样的女人也比较容易成功。因此，想做一个有品位的女人，你一定要脱俗！

内涵之于女人,便是气质底色

做一个引人侧目的女人,未必要有绝色的姿容,也不一定非要做个性感的尤物,但有一点必不可少,那就是你的内涵——你的品位与修养。

日本有一部电影叫《川流不息》,一个极力歌颂真、善、美的单调故事,但其真挚的情意又不能不深深地打动你:少女时代就离开故乡的女作家,60岁患癌症时返回了故乡,她拒绝手术,因为那样就得躺在床上不能行动了,而不动手术就只能活3个月。而她选择了这3个月,为的是去实现返回故乡、与初恋情人和旧时好友团聚的心愿。

这位女作家虽然不再年轻,但依然很漂亮,这种漂亮缘于她一生无悔的追求所造就的优雅气质和对生活的品位以及认知。女作家是真正的外柔内刚,她追求美丽,但也不惧怕死亡,甚至把死也当成婚礼一样的盛典:化好妆,身着华丽的和服,端坐在椅子上对着摄像机,诉说着自己最后的人生感悟,并深情地唱起了一首歌……这首歌感动得所有的人都流泪。你觉得她会衰老吗?她会死,但不会老。或者是即使老了也依然是美丽的。因为这就是一个女人的优雅,一个女人的品位,不因容貌的消逝而减少,反而会因此而让品位添色,这也是女

Part 3 底蕴深厚，锻造内在气质风景线

人美丽的根源所在。

有一位中国女作家曾在一篇文章中写道，在国外，你随处可以看见静静地坐在公园里读书或是听音乐的老人，自得其乐地享受着人类最经典文明的结晶。在外国的大教堂里，那些穿着得体、举止优雅的老太太，她们那高贵的气质刹那间让她自惭形秽。她相信在中国再美丽的女影星也无法同她们媲美。那是一种足以与岁月抗衡的文化修养的结果，是一种文化的品位。你能说那些老太太不是美丽的吗？

相反，美国作家杰克·伦敦笔下曾出现过这样一个美女：

那是一位风姿卓绝，仪态万千的贵族女士，她从游轮的甲板上走过，所有的男士都会为她所倾倒，争相向她致意，大献殷勤。

当时，游轮尚未起航，一群绅士与淑女闲着无聊，便于几个男孩做游戏。他们将一枚金币抛向海面，紧接着男孩子们便会跳下去，谁能捞到，金币就归谁所有。这其中有一个男孩尤其引人注目，作者形容他就像一个发亮的水泡，他的灵活和矫健赢得人们一致赞叹。

忽然间，海面上出现了鲨鱼，众绅士、淑女连忙住手，而那位美女却从身边的绅士手中要过金币，忘乎所以地向抛向海中。几乎同时，那个漂亮、矫健的少年鱼跃而下，随即便被海中的鲨鱼咬成了两段。

众人目瞪口呆，继而纷纷离去，没有人愿意再多看那位美女一眼……

可以想象，在平日里，这位贵族出身的美女必然是以一身高贵的气质、雅致的装扮，任谁能不为她所吸引呢？可是，她的做法却折射出灵魂的粗俗与肮脏，这样的人又何谈品位与修养？即便风华绝代，又有谁愿意再多看她一眼呢？

女人的品位体现在女人的优雅，这种优雅不分阶层、贫富、贵贱，它是一种处乱不惊、以不变应万变的心态，也可说是一种历练。例如，美国女人不害怕离婚，更不会忍受丈夫的暴力，她会立刻出走，并潇洒地丢下一句话："哪儿不能谋生？哪儿没有男人？"而我们周围却有些女人总把离婚当成世界的末日。这是因为她没有形成自我意识，任何微不足道的外在打击都能摧毁她的自信。其实，如果你自己不打倒自己，就没有人能打倒你。做一个美丽雅致的女人，做一个有品位的女人，就是相信自己、相信爱情、相信人生中所有美好的东西，而唯一应该忘掉或平淡对待的就是痛苦。要知道痛苦是一种经历，会让女人在以后的生活中更为雅致，更为有品位，更为美丽。

智慧之于女人，正是气质资本

女人的一生应该是一部艺术片，如果缺少了艺术感，那也就称不得完美了。很显然，这部影片需要用美丽与智慧来演绎，美丽与智慧是人生的艺术，会铸就艺术的人生，更是我们爱自己的优雅生活态度。

造物主赋予了我们女人很多角色，我们或是伟大的母亲，或是贤惠的妻子，或是乖巧的女儿……于是，我们被人喻为大地、喻为水、喻为花……不管怎样去看，作为女人，我们都是骄傲的、幸福的、美

丽的，而如果我们能够在这美丽之上再平添几分智慧，那么我们的生活将会变得至善至美。

杨澜可以说是一个让中国男人不得不佩服的魅力女人，而优雅与智慧就是她的招牌。她在中国最顶级的媒体节目上尽显魅力——中央电视台的《正大综艺》，凤凰卫视的《杨澜工作室》，湖南卫视的《天下女人》等，几乎每个节目在同类节目中的收视率上都居于霸主地位。

当然，纵然是智慧的她，也有普通的一面。她也乐于享受家庭的天伦之乐，乐于带着自己的孩子与家人乐融融地相处。毫无疑问，纵然时间推移，她的美丽依旧不会褪色，反而会随着她勤奋的脚步，越来越完美。

随着智慧的积累而不断成长起来的女人，是一种果子熟透的美，是一种由内而外所散发出的美，是一种令人欣赏和赞叹的美。不要觉得这美丽与智慧遥不可及，事实上它就存在于我们生活的每一个细节之中。

假若我们善良，我们就是美丽与智慧的。因为我们懂得爱自己，更懂得爱身边的每一个人。

美丽与智慧的女人不一定很有钱，事业上也未必辉煌。但她们一定很会创造生活，很懂得享受生活，一定能在自己所扮演的角色中，演绎出自己最好的一面。当人生出现变故之时，她们总能临危不乱，既承受的了那份苦，又懂得如何去克服。不管是生活是酸是甜、是阴是晴、是成是败、是平凡还是辉煌，她们都能以一种平和的心态去对待，她们永远是在感恩生活，是在享受生活，而不是抱怨生活。

美丽与智慧的女人并不一定要艳若桃李，媚压群芳，但她们一定充满自信。她们会将自己装点的气质不俗,让自己的一言一行、一颦一笑、举手投足,都显得落落大方,周到得体。这份美丽与智慧并非天生,但却发自于内心深处,是一种由内而外散发出来的独特气息,是女性经过生活沉淀后得到的一种升华。这样的女人,无论站在哪里,都是一道美丽的风景线。

智慧之美是女人在半世红尘中逐渐发掘、打磨的,它不会如容颜一般在岁月的流逝中褪去颜色,反而会如醇酒一般愈陈愈香。

知性女子,不蔓不枝,香远益清

著名的成功学大师卡耐基十分推崇一种女人,她们的名字叫作"知性女人"。卡耐基认为,这种女人是最雅致、最具魅力的,因为她们聪明、慧黠,处世圆润、人情练达,她们超越了普通女孩子的天真稚嫩,也不同于女强人的咄咄逼人,她们在不经意间流露出的柔和知性之美,可以感染这世界上的任何一个人。

那么,究竟何为"知性"呢?汉语词典中知性的定义是:"具备知识和理性等特质。""知性"除了标志一个女人所受的教育以外,其实还有一层更深刻的意义,应该是女人特有的一种聪慧,它源于女人所受的教育和环境,可又并非是哪一个看上去文文静静一些的女人就

Part 3 底蕴深厚，锻造内在气质风景线

都可以被称之为知性的。知性必然是一种积累，知识的积累，生活的积累。

知性女人，如同周敦颐在《爱莲说》中所描绘的莲一般中通外直，不蔓不枝，香远益清，亭亭净植，可远观而不可亵玩焉。知性女人不是压群艳、傲百花的牡丹，不是空守幽谷的山中木樨，而是携着矜贵香氛的精致白莲花。她们衣着素净，纯天然面料的衣服是她们的首选。她们不盲从潮流。但客厅的花是不会等到枯萎才换的，要么是干花，要么就是随心常换的鲜花，薰衣草、丁香、栀子之类不喧不闹，但绝对要清新宜人，这是贴近自我灵魂最简洁的行为之一。知性女人聪明却不张狂，典雅却不孤傲，内敛却不失风趣。女人的知性美是她们身上内敛着的一轮光华，它不眩目、不耀眼，其光若玉，温润、莹透、可感、可品、可携。

知性女人是这样的，她们首先——知书达理，这是作为知性女人的前提。知性的基础是知识，没有知识的女人不能称之为知性女人。当然，也并不是所有受过高等教育的女人都能成为知性女人，譬如说那些死读书、认死理，咬文嚼字却又言而无信的女人；又比如那些虽有知识却不修边幅、形象邋遢、口不择言的女人。无论如何，我们是无法将其与知性联系在一起的。知性是对知识的一种感悟，一种有灵性的运用，真正的知性女人能够从知识中收获思想，感悟人生，从而从容地观察世界，让自己活得更雅致。

其次是要知情识趣，可以说这是知性女人最吸引人的地方。正如上文所说，不懂得装点自己的女人是无法称之为"知性"的，同样，不懂得生活情趣的女人，也只能称之为"书呆子"。知性女人应该是知

情识趣的，她们懂得风情，会将生活营造的温馨浪漫；她们了解男人，会给钟情的男子留下足够的面子。当然，她们偶尔也会做出小女人姿态，使使小性子又或撒撒娇，但绝对会把分寸拿捏得恰到好处。要知道，这只是她们在为自己的情感生活加一点儿佐料而已。

知性其实是与年龄有关，少女时节，我们是张扬的、率真的；但到了一定年龄，我们就会变得内敛、变得饱满、变得丰富。所以说，知性女人必然是成熟的，因为只有成熟以后我们才知道如何将自己装点的婉约有致、内涵丰富。

知性也与阅历息息相关。知性应该说是一种沉淀，是知识的沉淀，是生活阅历的沉淀。一个女人纵然学富五车，但若是处世不够圆润，人情不够练达，那充其量也就是个知识女性而已，不能称之为"知性女人"。所谓知性女人：必然可以在社会这个大舞台上行云流水般地挥舞长袖，但却没有睥睨群芳的张狂；必然熟知世事的险恶、人情的复杂，但却断不会同流合污；她们虽然洁身自爱，但绝不是冷漠与孤傲。毫无疑问，是生活的阅历、岁月的磨砺，给了她们这份智慧与从容，让她们能够将自己的才智发挥到极致。她们自然，质朴，不张扬、不做作，有一种相对平静但余味更久远的魅力。与知性女人在一起，你可以享受到人与人之间最原始的那种如冬日阳光一样的温暖。轻松、雅致、自我、明智、舒畅，和她们待上一个下午，你一定能获得一种由透着活力的平静滋生的希望和力量。

知性女人的定位，展现了都市女性应有的形象：有知识、有品位、有属于女性的情怀和美丽。

知性女人可以没有羞花闭月、沉鱼落雁的容貌，但她一定有优雅

的举止和精致的生活。知性女人也许没有魔鬼身材、轻盈体态，但她重视健康、珍爱生命。知性女人兴趣广泛，精力充沛，保留着好奇的童心。知性女人有理性，也有更多的浪漫气质，春天里的一缕清风，书本上的几个精美词句，都会给她带来满怀的温柔。知性女人经历了一些人生的风雨，因而也懂得包容与期待……

一个真正的"知性"女人，不仅能征服男人，也能征服女人。因为她身上既有人格的魅力，又有女性的吸引力，更有感知的影响力。

想成为知性女人，说易不易，说难不难。

打扮外表很容易，或许你只需要稍加用心就可以了。而要想提高品位，那就得下点功夫了。

泡图书馆、听音乐会、参观名画展、进行一些民间文艺考察，甚至参与一些文化人搞的活动……这些都会在不知不觉中提高我们的品位，令我们举手投足之间流露出一种知性之美。

在心中架起一把尺子，衡量别人的同时，也要衡量自己，保证自己与外部环境始终保持一种恰到好处的平衡，在生活中不断调节自己的情绪并弥补自己的不足。

坦然面对自己的灵魂，无论是爱是恨、是悲是喜、是成是败，都要拿得起、放得下，就把一切看作是一种必须经历的生活体验。

如果你照这样不断地去充实自己，你会变得一天更比一天睿智、一天更比一天高雅，那么，你的魅力是挡不住的！

与书为伴，腹有诗书气自华

古人告诉我们："腹有诗书气自华。"罗曼·罗兰劝导女人："和书籍生活在一起，永远不会叹息！"书能让女人变得聪慧、变得丰富、变得美丽。台湾著名作家林清玄在《生命的化妆》一书中说到女人化妆有三个层次。其中第二层的化妆是改变体质，让一个人改变生活方式、保证睡眠充足、注意运动和营养，这样她的皮肤得以改善、精神充足。第三层的化妆是改变气质，多读书、多欣赏艺术、多思考、对生活乐观、心地善良。因为独特的气质与修养才是女人永远美丽好看的根本所在。所以，女人们要记住，惟学能提升气质，唯书能提升修养。想成为雅致的女人，我们就时刻不要忘了跟书约会，因为书是女人雅致一生最值得信赖的伙伴……

读书可以增添女人的智慧，可以使女人更有品位，也就是可以使女人展现一种智慧的美丽。就像在生活中，爱读书的女人，不管走到哪里都是一道风景。也许她貌不惊人，但她的美丽却是骨子里透出来的，谈吐不俗，仪态大方。爱读书的女人，她的美，不是鲜花，不是美酒，她只是一杯散发着幽幽香气的淡淡清茶，透出一个女人的智慧，一个女人的雅致。

读书在不同的年龄，也有着不尽相同的心境。少女时节，精力旺

盛，求知欲强，大有读遍天下书的宏愿，书读得既快又杂，而大多是浅尝辄止，囫囵吞枣，不解其味。成熟以后，品位一本书就像在轻轻地哄着婴儿睡觉般，细读慢品之余，便能悟出书中的精华。书的灵气渐渐从那一行行文字中透射而出，让人不忍释手，捧读之间犹如庭中赏月，怡然自得，陶醉其中。

读书对增添女人品位的效力，不像睡眠，睡眠好的女人，容光焕发，失眠的女人眼圈乌黑。读书和不读书的女人在一天之内是看不出来的，书对于女人的美丽的功效，也不像美容食品，滋润得好的女人，驻颜有术，失养的女人憔悴不堪。读书和不读书的人，在两三个月内，也是看不出来的。日子是一天一天的走，书要一页一页的读。清风明月，水滴石穿，一年几年一辈子读下去，累积的智慧，才能最终夯实女人的雅致，所谓的"秀外慧中"就是指的这个。也就是说，我们若是在书卷堆里待的时间长了，浑身自然而然就会有一种翰墨的味道，淡淡的香萦绕在女人的身边，这种香是名贵的香水所无法比拟的。香水的味道会随着岁月的流逝而渐渐淡化，但是，一个沾满书香味的女人，却会随着年龄的增长而积厚流广，日愈馨香，更见浓郁，足以相伴一生。

读书的女人是敦厚的，也是优雅的。浸在书香氤氲的气息里，女人会变得脱俗，淡然处世，绝少贪奢，她们有着一种谦逊随和的娴静之气，在芸芸众生中，一眼就能认出那份离尘绝俗的恬淡气质。

书中有太多的世态炎凉，太多的人情世故，女人在阅读的时候，也就如身临其境，领悟到什么是生活中值得尊重和珍惜的东西。她们会真心地对待自己，诚意地对待别人，让生活的每一天都充满宁静的激情和欢乐。

一个读书的女人是一所好学校,她教会人用淑雅宽仁去面对世间的一切,远离庸俗和琐屑。她们懂得"富贵而劳悴,不若安闲之贫困"的真正含义,所以她们不和人攀比,不和人计较,生活得单纯而安然。

读书的女人,是清晨的露珠,纯净而晶莹,也似天上的星星,明亮中有一分深邃。读书的女人素面朝天,书便是她们经久耐用的时装和化妆品。走在花团锦簇浓妆艳抹的女人中间,与众不同的气质和修养使她们显得格外引人注目。

书对于女人的好处说不尽。女人知书会蜕去愚昧与狭隘,多一分理智与宽容;女人知书会知羞耻与善恶,从而明辨是非,洁身自爱;女人知书更会懂得如何去做人,而不会成为别人的附庸和可有可无的影子,从而获得和他人一样平等的地位和尊重。

知书的女人,本身就是一本味笃而意隽的书,越读越有味。不知书的女人,最多只能是一具美丽的躯壳,没有生命的张力、经不起时间的淘洗,是一张空洞而单一的白纸,必将褪色而遭遗弃。

牵引音乐的灵气在生活中流淌

有人说音乐是人类的第二语言,也有人说音乐是人类的精神食粮,因为音乐能陶冶人的情操。而女人与音乐的关系,就好像鱼儿离不开水、花儿离不开阳光一样,音乐是女人的至亲密友,没有音乐,女人的生活会单调乏味,会有一种度日如年的感觉。有了音乐,女人的世界阴天也会变成晴天,忧郁也会变为舒畅,贫穷也会感到富有。

美国音乐界的知名人士凯金太尔夫人因患乳腺癌,身体健康每况愈下,濒临死亡。这时候,凯金太尔夫人的父亲不顾年迈体弱,天天坚持用钢琴为爱女弹奏乐曲。两年之后奇迹出现了,凯金太尔夫人战胜了乳腺癌。康复后,她热情似火地投身于音乐疗法的活动,出任美国某癌症治疗中心音乐治疗队主任。她弹奏吉他,自谱、自奏、自唱,引吭高歌,帮助癌症病人振奋精神,与绝症进行顽强的斗争。

德国科学家马泰松同样致力于音乐疗法几十年,他在对爱好音乐的家庭进行调查后发现,常常聆听舒缓音乐的家庭成员,大都举止文雅,性情温柔;与古典音乐特别有缘的家庭成员,相互之间能够做到和睦谦让,彬彬有礼;对浪漫音乐特别钟情的家庭成员,性格表现为思想活跃,热情开朗。他由此得出结论说:"旋律具有主要的意义,并且是音乐完美的最高峰。音乐之所以能给人艺术的享受,并有意于健康,正是因为音乐有动人的旋律。"

这便是音乐的魅力。

如今,随着现代社会的发展,人们普遍意识到音乐的力量。对于女人而言,音乐更是对自身品位的一种陶冶。有品位的女人,一般都能够享受更多、更充实的音乐生活。尤其对于雅致女人来说,音乐是生活的一部分,没有音乐的生活是难以想象的。她们在聆听优美的音乐的过程中,会让那清新纯美的、富含灵气的音符,轻轻滑过满是尘埃的心头,使自己进入一个浑然忘我的自然境界。

每一个醒来的早晨,我们不妨闭上眼用心聆听10分钟音乐,再开始一天的工作,相信,你一天的心情都会因此轻松愉悦起来。我们在音乐中畅游,让思绪自由流淌,有时灵感便会随着音乐流淌出来,某个盘旋已久的问题亦会从心中找到答案。

在雅趣中不断提升品位层次

女人慢慢长大以后,一般都有一份属于自己的工作,也有一个为之操心的家庭,看上去忙碌的生活其实也是相当乏味单调。往往是电视机或电脑前面一坐,让时间哗哗地大段地溜走。只要一看电视,就什么也干不了。这是一种懒惰的惯性,坐在沙发上,哪怕节目十分无聊幼稚,你也会不停地换台,不停地搜寻勉强可以一看的节目,按下关闭键显得那么困难。很多的女人在工作以外都是这样的"沙发土豆"。黄金般的周末,多半也是在不愿意起床、懒得梳洗、不想出门中胡乱度过。同时,几乎所有人都在抱怨没有时间,真的有时间的时候又不知道该如何打发,只是习惯性地想到睡觉和"机械运动"——看电视、玩一款熟得不能再熟的电脑游戏,顺手就打开了。事后又觉得懊恼,心情愈加沉闷。

这就需要作为女人的我们在8小时工作以外,去寻找、培养一种

属于自己的趣味,在增长自己知识的同时提升自己的修养!

事实上,越来越多的女人已经意识到,无止境地追求金钱并不能够带来内心的幸福,也未必可以像想象中那样脱掉"贫困"的帽子。真正的贫困首先产生在心中,再反映在现实中。有钱而没有品位是一件可悲的、精神贫困的表现。实际上,令我们足以欣慰的是,品位和生活的情调是可以培养的。它与金钱完全不同,获得品位的过程不需要一个人在精神和道德方面堕落,而恰恰相反,通过对生活品位的培养还可以提升自己的精神世界。不论你喜欢与否,你不得不承认,有品位和格调的女人能够让人另眼相看,更是男人的至爱!有钱不一定让你的社会地位得到提高。但是,有修养、有格调、有品位的人却必定受到欣赏和尊重,因为人们会认为你社会地位比较高。

所以女人,花一点时间培养你的品位吧!改善了品位的生活方式能够积极地影响一个人的思维。想象一下,一个整天忙得如同车轮一般的女人,哪里有时间思考?而不思考的人显然是无法进步的,更别说岁月流逝以后依旧保持美丽。这听起来似乎有些耸人听闻,但却是无可辩驳的。人的思维会受到自己环境的影响,重复性的机械活动简化了大脑的功能。一个只会工作的人生活在一维空间,而一维空间是缺乏幻想的,是简单的、无乐趣的。这时就需要女人着力发掘自己的兴趣,来提升自己的品位,保持一生美丽。

我们的闲暇时间说多不多,说少却也不少。就算是为了打发时间,我们也应该培养一门高雅的趣味。本来玩就是玩,没有什么高下之分。可是我们心里总有一根隐形的杠杆,自动划分什么是"健康、向上的",哪些又是需要改变的颓废习惯。例如:一般人认为看书于身心比较有益,而老是玩电子游戏连自己都有点过意不去。你可以研究28星宿,在家中露台上架一架最专业的天文望远镜,时时夜观星象;也可以闲时研究《本草纲目》……这些兴趣多么奇突有趣,也让人刮目相看。

所以说,优雅的女人一定要有一种自己的爱好。那么,到底如何培养一份属于自己的爱好呢?我们为大家提供了一些参考:

(1)培养一项高雅的爱好、认真研究你的爱好,或许有一天,你的爱好会对你的职业有着莫大的帮助。有一门业余爱好,有的人甚至发展到了相当高的水平,有可能改变你的人生。

(2)请选择这样的爱好:音乐、绘画、雕塑、舞蹈、书法、围棋、国际象棋、鉴赏古物、品酒、桥牌、学习一门外国语,等等。如果你有条件,最好请一位私人教师,你会发现一对一的学习效果令人吃惊。但请不要选择这样的爱好:摇滚乐、街头说唱、打麻将、喝老白干、打保龄球(在西方它是没有品位的活动)。

(3)为了大脑的灵活,至少学会欣赏古典音乐。

有位女士说有太阳的早上自己会放男高音帕瓦罗蒂的曲子,浑身充满了高昂的情绪;阴天的早上则放忧郁的日本音乐,这种哀愁像雪天里饮清酒。还有一位女士会在商务谈判时为客户播放贝多芬的音乐。难道不很有创意吗?

总而言之,想要成为一个雅致而又美丽的女人,我们就少不得为自己培养一些高雅爱好。琴棋书画诗词花无所谓要门门精通,只要把其中一项学精你就大功告定。这流传千年、备受推崇的几大爱好,极能让男子领略到女人"静若处子,动若脱兔"的非凡魅力,又能令我们在潜移默化中修炼得极富神韵。

Part 3 底蕴深厚，锻造内在气质风景线

把自己活成"S"形

漫画家朱德庸有句趣言"把身体弯成 S 形的女人可以吸引男人直线走过来。"不无遗憾的是，对很多女人来说，尤其结了婚生了孩子上了岁数的女人，这是件可望不可即的事情。但转过头想想，女子要想达到"S"效果，何必非要纠结于身体呢？由内而外的"S"才令女人更迷人吧。到那个时候，恐怕不只男人会直线走过来，就连女人也会被自然而然地吸引吧！

清清是一个细致的、朴素的女孩，是个大学二年级的穷学生。一个男生喜欢她，但同时也喜欢另一个家境很好的女生。在他眼里，她们都很优秀，也都很爱他，他为选择自己的另一半很犯难。有一次，他到那个很穷的女孩家玩，当走到她简陋但干净的房间时，他被窗台上的那瓶花吸引住了——一个用矿泉水瓶剪成的花瓶里插满了田间野花。

他被眼前的情景感动了，就在那一刻，他选定了谁将是他的新娘，那便是摆矿泉水花瓶的那个女孩。促使他下这个决心的理由很简单，那个女孩子虽然穷，却是个懂得如何生活的人，将来，无论他们遇到什么困难，他相信她都不会失去对生活的信心。

雅莉是个普通的职员，生活简单而平淡，她最常说的一句话就是："如果我将来有了钱啊……"同事们以为她一定会说买房子买车，她的

回答却令人们大吃一惊:"我就每天买一束鲜花回家!""你现在买不起吗?"同事们笑着问。"当然不是,只不过对于我目前的收入来说有些奢侈。"她也微笑着回答。一日,她在天桥上看见一个卖鲜花的乡下人,他身边的塑料桶里放着好几把雏菊,她不由得停了下来。这些花估计是乡下人批来的,又没有门面,所以花便宜得要命,一把才5元钱,如果是在花店,起码要15元!于是她毫不犹豫地掏钱买了一把。

她兴奋地把雏菊捧回了家,在她的精心呵护下这束花开了一个月。每隔两三天,她就为花换一次水,再放一粒维生素C,据说这样可以让鲜花开放的时间更长一些。每当她和孩子一起做这一切的时候,都觉得特别开心。一束雏菊只要5元钱,但却给雅莉和家人带来了无穷的快乐。

关琳是某大型国企中的一名微不足道的小员工,每天做着单调乏味的工作,收入也不是很多。但关琳却有一个漂亮的身段,同事们常常感叹说:"关琳如果穿起时髦的高档服装,都能把一些大明星比下去!"对于同事的惋惜之词,关琳总是一笑置之。有一天,关琳利用休息时间清理旧东西,一床旧的缎子被面引起了她的兴趣——这么漂亮的被面扔了实在可惜,自己正好会裁剪,何不把它做成一件中式时装呢?!等关琳穿着自己做的旗袍上班时,同事们一个个目瞪口呆,拉着她问是在哪里买的,实在太漂亮了!从此以后,关琳的"中式情结"一发不可收拾:她用小碎花的旧被单做了一件立领带盘扣的风衣,她买了一块红缎子面料稍许加工后,就让她常穿的那条黑长裙大为出彩……

其实每个女人都可以成为S形女子,再苍老的面容,再卑微的职业,再平凡的日子,再琐碎的细节,都因为怀有一颗美好的心,在红尘之中,笑看人生,开得清香。

轻奢华，不奢侈

女人对生活元素争论最多的莫过于"奢侈"，尤其是白领。传统女人认为，奢侈是浪费，是过分享受；新生代女人却认为，奢侈是时尚，奢侈创造财富。

很多新生代的白领女性，年轻、时尚、自信、唯美、成功，她们挣的不少，花的更多，不断追求奢侈的生活，享受着常人看起来近乎浪费的生活方式。

对于那些认为有钱就要花的人来说，奢侈实在算不上什么。时尚总是年轻的，喜欢什么就消费什么，反正钱都是自己挣的，随便怎么花，别人干涉不了；有钱就要花，辛辛苦苦地工作就是为了挣钱，一旦手中有了钱，还花得拘拘束束，如此人生有何意义？

另外，还有些人认为：时代在进步，赞同"把生活点缀成艺术"的人越来越多，这种奢侈已经被大众所接受，很多都市人已经"自觉"加入了"奢侈生活"的行列，成为昂贵生活用品的消费主力。即使是比较传统的"老人"，虽然心里早已经拿定主意绝对不会买，但他们肯定还会经常到处看看，要不然就会落伍，就会成为与社会脱节的人。

商家更是说，奢侈消费不一定都是虚荣心消费，但虚荣心消费几乎都是奢侈的。奢侈的定义应该是相对的，既取决于社会的平均收入水平，也取决于每个人的心理感受，而且是因时因人因地而异的。社会发展到今天，消费早已不再只是满足生存的需要，炫耀财富也不再是奢侈的象征，取而代之的多是那种平时难以获得的生活体验。

快乐花钱，可以让自己的生活更充实、更有质量、更容易得到满足。十几年前，手机、家用电脑、空调等被老百姓看作是奢侈品，一眨眼工夫连楼道里打扫卫生的阿姨都用上了；穷人认为买房驾私车是奢侈，富人认为住花园豪宅开私人飞机也不算奢侈；在发达国家，普通百姓的住房里也有独立的卫浴设备，而对落后中国家的低收入者来说，那无疑是一种奢望。

现代社会，如果有足够的能力去奢侈，也未必是一件坏事，起码说明你在为社会做一定的贡献，总比葛朗台式的"吝啬鬼"要好得多。反过来说，一个社会如果没有人去奢侈的话，经济会如此快速地发展起来吗？单从这种意义上来讲，"奢侈"似乎不是一件坏事。

然而，更多的时候，奢侈看起来像把双刃剑。

现在的人为了追求更高层次的生活方式，辛辛苦苦地工作，买房子、买车子，供孩子上好一点的学校，辛辛苦苦找一份收入高一些的工作，早出晚归，甚至放弃了与家人团聚的时间，放弃了读书的乐趣，放弃了在莫扎特的音乐中发呆，就是为了挣更多的钱，明天过更好的日子。

现代社会的确有一种用物质的获得来判断成功的趋向，但真正的上流社会并不完全追求奢侈，很多找不到精神归宿的人，才会用奢侈来填补空虚。很多人"奢侈"，是过去穷怕了，才想极力表现自己已经不是过去那个"穷人"了,将童年极度压抑的消费渴望变本加厉地展示出来。有钱奢侈无可厚非,没钱呢,还奢侈什么?有些人就是要硬撑,买不起房子,贷款!装修要钱,贷款!买车,贷款!"贷款"让很多人做了"大负翁"。不是贷款不好,但毕竟要考虑自己的实力,为了一个硬撑的面子而尽力奢侈,以后的日子怎么过?

奢侈女人关心时尚的趋向,关心富人的趣味,模仿"上流社会"的生活格调,她们花大量的时间提高自己的品牌知识,无非就是想在别人面前表现自己的富有、时尚和成功。她们从踏入社会的第一天起,就朝着"奢侈"的目标奋斗。可是有些人实现了目标,有些人没有实现。

你能奢侈吗?你在奢侈吗?你会奢侈吗?女人,最好放弃奢侈,因为平实的生活才最美。奢侈生活其实也是一把双刃剑,享受奢侈的同时,奢侈也在侵蚀着自己的躯体和心灵。

丑也要丑成一道风景线

有的女人长得很漂亮,从五官到肤色,你几乎挑不出什么毛病,可又总让人觉得缺一点什么。缺什么呢?缺的是属于她自己的独特魅力,缺的是从芸芸众生中让人一眼认出来的外在的内在的标志。

吕燕是一位职业模特，但是按中国人的大众审美标准，她长得有一点丑，这让她极度自卑。一个偶然的机会一位法国时装公司的老板发现了她，力邀她到欧洲发展。当她说出自己对相貌的担心时，那位老板连连摇头："不，不，你一点也不丑，你长得很有特点，很有魅力。"

正是这种特点和魅力成就了吕燕世界名模的辉煌之路。

其实，一般意义上的"美丽"、"漂亮"只属于少数幸运女性。对大多数女人而言，你只能算"一般人"。不要紧，你完全没有必要做手术、花巨资打造一张本不属于你的脸。上帝是公平的，即使它没有给你过人的美丽，也一定给予你区别于他人的独特之处。保持、凸显这独特之处，你照样拥有了光彩照人的一面。

索菲娅·罗兰是一位世界巨星，但她的成名之路却频遇坎坷。

通过选美这个阶梯，罗兰跨入了向往久已的电影界。罗兰的第一个角色是在《君往何处》中扮演奴隶女孩。

索菲娅·罗兰第一次试镜头时，摄影师并不欣赏她独具风韵的容貌，摄影师说："你个子太高，臀部太宽，鼻子太长，嘴太大，下巴太小，根本不像一个电影演员，更不像一个意大利式的演员！"因而建议她去整容，修一修高耸的鼻子。

罗兰断然拒绝了这些人的要求，她说："我从来就没有打算改变鼻子的形状。需要改一改的倒是他们自己，我的脸不漂亮，可挺有特色。"

从那时起，索菲娅·罗兰就决心不靠外貌而是靠自己内在的气质和精湛的演技来取胜。她非常注重内在的修养，并且认为只有内在的

Part 3　底蕴深厚，锻造内在气质风景线

东西才是永久不变的。罗兰清醒地认识到："成功要靠自己的努力去争取。"为此，拍片之余，她去意大利电影实验中心攻读表演。当时，人们并没有注意这位大眼睛、长腿、细腰，脸带愁容的姑娘，但她仍兢兢业业地在影片中演些小角色。

索菲娅·罗兰在母亲的帮助下，四处寻找上戏的可能。这段时间，罗兰不时谎称自己会说英文、会游泳而争取角色，结果惹出不少笑话。1953年，她终于在歌剧影片《阿伊达》中饰女主角，表演十分投入。

意大利极有经验的导演卡洛·庞蒂发现了她，觉得她是个天生的艺术家，因为在她的表演中总是释放出某种内在的真情实感，使人陶醉。

但是，庞蒂也建议她减肥，并且说："如果你真想干这行，得把鼻子和臀部'动一动'。"那时的罗兰虽说年纪尚轻，却倔强地拒绝了，庞蒂毫无办法。

于是，卡洛·庞蒂让她相继在自己执导的《海底的非洲》、《阿伊达》等影片中担任角色。由于从小在艰苦环境中的磨炼，索菲娅·罗兰也学会了抗争，她那种喜怒无常和情感奔放的表演方式逐步成为她的特点，连庞蒂都说，当她演情绪激动的场面时，就像精神病患者要被送进医院。罗兰的表演日趋成熟。终于在影片《那不勒斯的黄金》一片中，成功地扮演了一位脾气暴躁又俗不可耐的泼妇，引起人们的关注。

出色的演技终于为罗兰赢来了无数奖项。1961年，罗兰在德·西卡执导的影片《两妇人》中，成功地扮演了一位在战乱中因保护女儿免遭侮辱而心力交瘁的母亲，从而荣获同年奥斯卡最佳女主角奖。接

着，罗兰又与德·西卡拍摄了影片《昨天，今天和明天》。此片上映后，一炮打响，获奥斯卡最佳外语片奖。

从此，罗兰来往于美、英、法、意之间，成为"在混乱中诞生的一颗巨星"（卓别林语）。几部有影响的影片演完后，罗兰在影坛的名声进一步确立。

1994年，罗兰又与马尔切洛·马斯特洛亚尼合作主演《成衣》，影片中罗兰依然充满着野性美的魅力，她的表演也更加精湛、更加炉火纯青。

在坚定的意志和锲而不舍的执着面前，丑小鸭终于变成了白天鹅！

此时的人们开始认同索菲娅·罗兰的容貌，认同她身上那种不羁的野性之美。她被观众评为"欧洲最美丽的女演员"。

苛刻一点讲，此时的罗兰仍算不上什么第一眼美女。但这位在意大利南方成长起来的女郎，经过地中海热烈奔放的季风打磨后，轮廓鲜明的脸上依然保持着一张坚韧不屈的嘴唇。她的美是敞亮而明艳，一发而不可收拾的。她用曲线迎接全世界的审美，如同热情的太阳能在任何地方都能放射出热力。

同样是这个索菲娅·罗兰，曾被百般挑剔的她，如今，人们反以她的美为标准。她很显然地成为一个巅峰，一个她经她个人努力奋斗而创造出来的巅峰。

索菲娅·罗兰给所有羡慕别人的美丽、不断寻求改变自己的女性上了生动的一课：做独特的自己，做自信的自己。

Part 4
品性如玉，挥洒一片女人风雅

气质是一种态度，是一种源自内心的从容和宁静；气质是一种感觉，智慧、博爱，是理性与感性的完美结合。一个有气质的优雅女人，能让生活呈现出细致、从容、柔软、睿智、练达、朴素大气的品性。她既能带给他人欢乐愉悦，也能带给自己一份安详平和。

优化性格就是优化气质

有人说，女人是感性的动物，灵魂深处经常暗涛汹涌，被各种矛盾交织着。在心理活动、社会角色、行为方式等诸种因素的影响下，成就了女人性格世界的丰富和多彩。成熟的女人，在经历社会磨炼以后，已不再像少女那样青涩，她们的性格已然基本定型，而一个良好的性格，无疑也是她们吸引人的一个重要砝码。

我们知道，性格是人在出生后的社会文化环境中逐渐形成的，因此，一个人的性格会受到他的世界观、人生观和价值观的影响，性格是人格中最核心的组成部分。良好的性格，会促使一个人将自己的聪明才智用到正道上，让自己和他人同受鼓舞与启迪；而不良的性格或许会把一个人的聪明才智引上歧途，令自己和他人同时陷入痛苦和沉沦之中。

其实，每个人的性格都有其好的一面，也有坏的一面，任何一个人都是善恶组合的矛盾体，意大利作家伊塔诺·卡尔维诺所著的《一个分成两半的子爵》就是这种性格组合观念的形象说明。

文章说，在一次战斗中，梅达尔多子爵被炮弹打成两半，右半被军医救活，总干坏事，集中了梅达尔多身上的全部邪恶；左半被两个

隐士救治，不断地做好事，集中了子爵身上所有良好的性格。

"两个子爵"在激化的矛盾中展开决斗，相互劈裂了原来的伤口，扭成一团，粘在了一起，之后又变成了一个身体健康、性格完整的人。

事实上我们的性格就是这样，任何一个人的身上都有善良与邪恶性格体现，并不是两半的相加，而是内在性灵的互相渗透与转化。因此可以说，良好的性格来自培养，来自透析。

性格本来有清澈无染的一面，在后天成长中，是诸多的外因蒙蔽了我们的内心。在岁月的流逝中，良好的性格也堆积了厚厚的尘土，只不过我们不知道罢了。生命中的河流虽曾被污染，但涤尽流沙便可以见到清澈的本性；良好性格的明镜虽然蒙上尘土，但拭去灰尘终将闪光。要知道，良好性格本身就具有魅力，只不过有时没有发挥出来而已。培养良好性格，关键就在于"压榨"。这里有个寓言，或许会让大家有所感悟：

故事说有个女人问一位智者："请问，如何才能成为一个受欢迎的人呢？"

智者递给那个女人一颗带皮的花生："闻得见香吗？"女人摇头。

智者对她说："用力捏捏它。"

女人用力捏了捏，花生壳碎了，露出了花生仁。

智者问："香吗？"

"有一点。"

"再搓搓它。"智者说。

女人又照办了，红色的皮被搓掉后，看到了白果仁。

"香吗？"

"比刚才要香一点。"

"把它放进榨油机里。"智者说。

榨油机的端口流出了芳香四溢的花生油。

女人连连赞叹:"好香啊!"忽然,她笑了,"现在我终于明白了,要受人欢迎,就要让自己散发出香气来。"

智者微笑,不语。

这个寓言告诉我们,性格元素的本质往往被种种假象包裹着,从而显示出表里矛盾、似是而非的情状,使人难以捉摸。但只要我们通过有意识地自我塑造和培养,一定可以使性格中的优秀潜质焕发光彩,使自己成为一个受欢迎的人。

在美国,影视女星琳达的名字可谓是无人不知,无人不晓。她被喻为是美国影视圈的常青树,其走红影坛的时间,长达数十年之久。

说起来不禁让人感到诧异——其实在美国,人们一致公认她的演技并不吸引人。的确,琳达自身的修养和文化水平,实在不敢让人苟同。她甚至连小学都没有毕业,没入演艺圈之前,她只是个满街跑着卖糖果的小女孩,蓬头垢面,浑身脏兮兮的。

那么,琳达日后何以大红大紫呢?是背后有人力捧,还是因为其他什么原因?事实上,这些都没有,没有人刻意去捧琳达,甚至个别影视公司为了证实琳达的演技不入流,而不再和她签约,以证明她的粗俗和糟糕。但是影迷们却不是这样,他们热烈地希望看到琳达,真是大千世界无奇不有。

其实,导致多数影视公司不得不拉上琳达的原因非常简单——就是为了票房。不过,琳达到底好在哪里呢?很长一段时间,人们都无

法参透个中玄机。当年,美国艺界人士甚至还拿同期一位女演员与琳达做比较。这位女演员的名字叫作温娜,她曾接受过高等教育,曾在电影学院深造,演技在业内是公认的好。只是,无论她怎样努力,票房始终无法超越琳达,琳达的受欢迎程度一如既往的好。

这以后的40年间,演艺圈中很多人都在拿二人作比对,担任他们横比竖比,始终没有比出个所以然来。事情就是这么奇怪,修养差、演技糟糕的琳达,就是要比出身高等学府、演技一流的温娜受欢迎。任你再不解,也没有办法。

直到多年以后,一个心理研究小组在一项"另类"调查中为大家揭开了谜底:其实,人们并不是喜欢琳达的演技,也不完全是因为她上演的那些角色。人们喜欢琳达,不是因为她的工作能力,而是因为琳达自身,确切地说,是琳达的"欢喜"性格和"开朗"的笑容。

这也许正应了那句话——性格决定命运,可以说好性格的女人好命一辈子。如今的我们已经有了一定的社会阅历,积累了一定的社会经验,遇人遇事也应懂得怎样做才能收到最好的效果。所以,我们应该了解自己的性格、把握自己的性格,利用自己的性格去赢得大家的喝彩。这样才能让自己顺心顺意。

其实,每个人的优良性格都是在后天的实践活动过程中,不断进行自我修养和打磨的结果,这样性格才会锋锐明亮起来。锤炼出良好的性格,就会有明朗的心境,我们也就掌握好了自己的心灵之舵,也就为自己的雅致人生开辟了一条光明之路。

多维塑造健全的气质性格

一个女人，只有心理健康了，身体才能健康，才能少生病或不生病；只有做到心理健康，才能泰然面对复杂、纷繁的世界，才能从容参与、适应现代快节奏的社会生活，获得雅致的人生。

那么，人怎样才算心理健康呢？从美国心理学家罗杰斯提出的"未来新人类"的阐述中我们可以找到一些答案，"未来新人类"具备如下优秀的性格特征：

（1）具有开放、开朗的人生态度，对世界（个人内在、外在世界）、对自身的经验开放、开朗，不固执己见、呆板、冷漠、闭锁，有崭新的视野和生活观，有崭新的观念、思想与鉴赏力。在日常生活中，可以重复敬畏、快乐、满足、惊讶的神秘玄妙的心理体验，可以感受浩瀚澎湃的心潮波澜，从而领悟人生世界的无尽。在生命中不断寻求生命本身的意义，超越小我。

（2）活力自信，淡泊名利，这种生活态度并不重视物质享受，而重视生命的过程。这类女人能够清楚觉察到人生是一个经常变化的过程，深知变化过程中必然存在困难和冒险，但她们依旧充满活力、无所畏惧。她们面对生活中很多的不确定，不会惊慌失措，并能容忍新奇和不熟悉事物所带来的疑虑，认为失败和挫折是生命的一部分，具有勇敢及遭受失败时的复原力，具有人生的自信。她们不在乎物质享受与报酬，金钱、名利与地位对于她们而言，都不是人生目的，尽管她们也懂得享受丰裕悠然的生活，但却不把这些作为生活的必需品。她们对现实有较强的洞察力并与现实有较良好的关系，对周围环境中的人和事物都有敏锐的警觉。

（3）渴望人生能达到宁静致远的境界，平衡与进退有度。这类女人视生活为均衡，在任何事情上很少是过度的。她们希望与宇宙大地融合一体，希望与大自然和谐共处，这会让她们倍感亲切。她们关注生态并照顾生态，能从大自然的动力中获得欢愉，但无意征服大自然，反对将科技用来片面征服自然世界、控制人类，而且很愿意支持科技促进人的发展。

（4）渴求人和人之间真实可靠的亲密关系，能与别人建立深厚的人际关系，有吸引力，能让人欣赏及追随，有选择地交朋友。

（5）渴望成为整合的人，不喜欢支离分割的内心世界，努力争取过一个整合的人生，自身的思维、感受、身心、心灵等在个人的经历中，都能有良好的整合。

（6）能够认识与接纳自己人性中的各种缺点、不完美、软弱与短处，不会因存在不足而感到羞愧难过，或因此而否定自己。这类女人不但接纳自己，同时也会接纳与尊重别人，故而也不会批评他人这些缺点。她们诚实、开放、真挚，不装腔作势，不遮掩文饰，也不自满。对自己、他人及社会的现况很留心，同时更关心怎样改善现实与理想之间的差距。她们具有一定的自发性，不受传统惯例的束缚，不是顺命者，不是盲从附和的人，但也不会仅为叛逆而做叛逆者。其行动动机不是因外界的刺激而产生，而是基于内在个人成长发展的动力与自我潜能的实现。

（7）以问题为中心。犀利健康的人都不会以自我为中心，而将目光都集中在自己以外的问题上。这类女人更富有使命感，往往基于尽责任、尽义务和尽本能的意识行事，并不依照个人的偏好为人处世。

（8）有超然脱俗的本质、静居独处的需要。心理健康的人懂得享受人生中孤独和退隐的时刻，这一特征可能和一个人的安全感与自足感有关。当面对一些会令一般人不快的事情时，可以保持冷静，处变不惊，甚至可以表现得与众不同和超俗脱群。

（9）有自制力。这类女人不受文化背景与周围环境影响，虽然也依赖别人来满足一些基本的需要，如爱护与安全感、尊重与归属感，但其主要满足却并不依赖这个现实的世界，其重视的不是一般外在的满足，而是自己潜能与个人资源不断得以发展和成长。心理健康的人们都有高度的德行，他们将手段和目的分得很明确，让目的来支配手段。

（10）具有民主的性格。心理健康的人对他人极为尊重，并不会因阶级、教育、种族或肤色歧视别人。因为其他们清楚自己的认识很有限，因而有谦虚的态度，随时准备向他人学习，尊重每一个人，认为他们都可随时帮助自己增进知识、做自己的老师。

（11）具有哲理的、无敌意的幽默感。其幽默感并不是普通的幽默感，而是自发的、富含思想性的、能透彻地显示个人生活体验的幽默感。这种幽默不含敌意，不高抬自己，也不讥讽弄别人。

（12）创造力，是一种蕴藏在任何一个人内心潜在的创造力，不是指那些出自特殊才干的创造力，是一种新鲜的、天真的、直接的看待事物的方法，具有各种不同的类型。但通常来说，人所具有的这种创造力一般都在文化的熏陶过程中被摧毁与淹没。

事实上，性格健全的过程，同时也是心理健康和心理成熟的过程。塑造健全的性格，是一项系统地自我改造、自我实现的过程，所以我们要从细微之处做起，并不断鼓励自己积极进取。对于希望打造雅致人生的姐妹们来说，塑造自身健全的人格是符合新时代发展要求的必要举动。

做个不骄不躁的温柔女子

女性，最能打动男人的就是温顺，温顺像是一只纤纤玉手，知冷知热，知轻知重，让男人受伤的灵魂渐渐痊愈。温顺是女性特有的武器，摸不着，看不见，但却是人人都能感觉得到的一种神韵。

温顺之情，是上天赐与女人的奇世瑰宝，是作为母亲和妻子的女人不可缺少的一种基本的资质和品性。真正的好女人，应该是爱的使者、温顺的化身。老子曰："夫不争，天下莫能与之争。天地间至刚者，必为至柔。"女子因其至柔，而成至刚。有道是：女子如此多娇，引无数英雄竞折腰。古往今来，无数英雄豪杰"冲冠一怒为红颜"即是典型例子。"最是那一低头的温柔，不胜水莲花似的娇羞"，道出了女人温顺的婉约美。可见女人存在的理由就是因为她具备男人所缺乏的柔韧。乖巧的女性不但要有温顺的性格，还要具备表现温顺的素质，这样才能充分展示表里如一的温顺美。

有一次，伊丽莎白女王和丈夫阿尔伯特亲王谈话，语气流露出居高临下的味道，阿尔伯特亲王有些不悦，独自一个人进了自己的房间，把门反锁起来。过了一会儿，他听见有人用力敲门，"谁？"他问道。"我，英国女王。"伊丽莎白女王傲慢地回答。但屋里没有丝毫动静，过了许久，又响起了敲门声，这一次声音轻多了。"谁？"亲王又问道。"是我，维多利亚，你的妻子。"伊丽莎白女王温顺地说。门，终于开了。可见，女人的美貌，只能征服男人的眼睛；女人的温顺，却可以征服男人的心灵，让他们在不知不觉中心甘情愿地掉进温顺的"陷阱"。

男人最欣赏的女人是她永远咀嚼不尽的矜持，是她永远挥之不去的温顺。如果在他最困难、最痛苦的时候想到的是你，这意味着你是他的信赖和希望；如果在他最成功、最幸福的时候想到的还是你，这证明你是他真正的知己，因为只有与你共享才能给他带来真正的喜悦，真正的成就感和满足。恰似那一低头的娇羞，源自心念电闪的灵犀一现，源自女人永恒的智慧与温顺。

如果说，男人可以征服世界，那么女人则是通过征服男人来征服世界的。当男人在情绪上有什么不安时，好妻子能窥见丈夫的不安，了解丈夫的无助，小心地走过去，温柔地对丈夫说，"亲爱的，抱我一会儿",继而询问他心里烦什么,于长久的拥靠中适时地交换意见,在自然氛围中让他感受到你的深情挚爱、和谐与温馨。这就是温柔的力量,像水一样流动,浸润滋养性情,却滴水穿石。

男人对女人的渴慕,起因出于容貌,结尾在于温柔。每个身心健康的男人,都会痴迷于女人漂亮的脸蛋,但这张面孔依附于你之后,男人终有一天会顿悟,最可贵的原来是温柔。

女人温顺的本质绝对不是软弱,而是指处世的豁达。生性豁达的女人,未必大富大贵,却能洒脱快乐。"豁达"一词在《汉语大辞典》中解释说:形容人胸怀开阔,宽宏大量,能容人容事。豁达是一种大度和宽容,豁达是一种品格和美德,豁达是一种乐观和豪爽。豁达是一种博大的胸怀、洒脱的生活态度。女人拥有豁达的心胸不仅能包容别人,也是自己获得快乐和幸福的一大秘诀,实乃令人羡慕的性格,人生的最高境界之一。

女人拥有温柔豁达的心态,才能在滚滚红尘中从容淡定,豁达是女人润泽身心的美容剂,它会发射出很强的磁性,让女人充满亲和力。

女人温顺与豁达的性格似静水流淌,是征服他人的神奇力量,足以承受生活中千难万苦。温柔与豁达就是一种教养、一种情怀、一种悲天悯人的大智慧。

爱心，你的形象大使

同情心与人性密不可分，因为有了同情心，才会有了人性；同样，有了人性才会有同情心。作为女子，即使我们的身躯娇弱，即使我们手无寸铁，但只要我们拥有并播撒自己的同情心，我们的形象就会光彩照人，我们的力量就足以征服一切。英国的黛安娜王妃就是这样一位用同情心征服世界的女人。

黛安娜王妃经常带孩子们到普通人中间去，让他们了解民间疾苦，培养他们的爱心。她还多次带他们去无家可归者聚集的旅馆访问，去医院探访艾滋病患者和其他伤病员，要他们学会关心人、爱护人。

她把更多的精力投入到了慈善事业中。在她的一生中，她共参与了150个慈善项目，并且是超过20个慈善机构的赞助人或主席。她曾表示，希望自己成为英国人心目中的"爱心皇后"，这不仅为她赢得了英国民众的爱戴，也让她得到了国际社会的认同，"公益大使"、"爱心大使"、"国际和平大使"等等头衔纷纷戴在了她的头上。

黛安娜这种对公益慈善事业的热心，绝对不是贵族名人例行的表演。对她来说，乐于助人是天性。早在少女时代，她对老人、儿童的善心就已有口皆碑，她还因为对学校和社区服务的突出贡献，被学校授予了克莱克·劳伦斯小姐奖。

类似这样的爱心举动,即使在黛安娜成为王妃之后,也始终不曾放弃。每年,黛安娜都要参加二百多项官方活动,她真诚地去关爱那些常人也不愿接近的乞丐、病人、残疾人,并且尽量长时间地与他们交谈;她为那些无家可归者详细地抄写救济院的名称和地址,给他们一些可能实实在在的帮助;她在津巴布韦为难民分发食品;在萨拉热窝访问战争致残的儿童。

黛安娜像是一位落入凡间的爱心天使,虽然顶着一座尊贵无比的英国王妃桂冠,但是,她却永远是那么平易近人,为人喜爱,她以她独特的身份和影响力,致力于改善那些处在水深火热之中的人民的命运。她每到一地,都会引起世人对这一地区存在问题的关注。

黛安娜是第一个站出来向全世界发出同情艾滋病人的国际名人。

1991年7月的一天,当时的美国总统夫人芭芭拉·布什与黛安娜一同探访一家医院的艾滋病病房。在与一位病得已经起不来的患者聊天时,黛安娜给了他一个大大的拥抱,患者禁不住流下热泪,总统夫人和其他在场的人都被深深地打动。

黛安娜说过,艾滋病患者更需要温暖的拥抱,她身体力行,实践了自己的诺言。

在1991年长达5个月的时间里,她一直静悄悄地不为人知地帮忙照顾艾滋病患者艾瑞·杰克逊。艾瑞精力充沛,极富魅力,是英国芭蕾、歌剧等艺术领域的杰出人物。20世纪80年代中期,他被诊断为HIV阳性。

1987年4月,艾瑞病情恶化,整日蜗居于自己的公寓中,女友安吉拉随侍在侧。那时起，黛安娜常常前来探望，与安吉拉携手照顾她们共同的朋友。

黛安娜总是给艾瑞带来一束鲜花或诸如此类的小礼物，娓娓说起她今天又做了些什么。艾瑞当然能够感觉到，黛安娜绝非蜻蜓点水似的走过场，她带来的欢笑、理解和深深的关怀是那样的真真切切，感人肺腑。

安吉拉眼中的黛安娜，"美丽得远远超出美丽的简单定义，虽然自身生活不幸福的阴影笼罩着她，但她丰富的内心世界却迸射出夺目的光芒。"

"她绝不是一个华而不实、散发着香味的装饰品。有她在，气氛总是那么快乐，一种理解痛苦的快乐。"一个亲眼看见黛安娜陪伴在即将辞世的艾瑞身旁直至其去世的护士这么评价她。确实，因为懂得，所以爱！

在黛安娜生命中的最后几年中，她开始成为一名反地雷机构的最出名的支持者，她参加了许多重大的、值得纪念的清理地雷现场的活动。

1997年1月，她参加了红十字会组织的非洲安哥拉之旅，亲自踏进地雷区视察，冒险探访了被地雷炸断脚的伤者、伤残人士组织和康复专家。以往黛安娜出访，都会有大批随从，可是，这一次她却只带了两名保镖。

8月，她又出访了波斯尼亚。虽然波斯尼亚的内战已经结束，但那里仍有不少潜在的危险，当黛安娜身着防护服走在插有骷髅标记的地雷区旁的小路上时，人们为之动容。

Part 4 品性如玉，挥洒一片女人风雅

在她的感召下，安哥拉及波斯尼亚等战乱地区的人民因误触地雷而导致伤残的新闻，从此跃上国际新闻媒体，世界大多数国家都签署了关于禁用地雷的国际协议。

黛安娜对慈善事业的热情和对民众疾苦的深切关怀，使她赢得了"和平王妃"的尊称。英国首相布莱尔更是称黛安娜是"人民的王妃"。布莱尔说，黛安娜的个人生活经常遭遇到麻烦和苦恼，然而她给社会中那些需要帮助的人们带来的却是欢乐和安慰。

女人原本只是一张白纸，善良品质从一点一滴的小事中积累而成。没有同情心就没有了善良，没有了善良就没有人性。缺失了人性，怎么会有人道？做女人就要做一个像黛安娜王妃那样善良的、富有同情心的女人。我们应该自觉帮助那些弱者或是无自卫能力的人；帮助那些陷入困境的人。在日常生活中，对于那些俯卧在人行道上、挡住我们去路的残疾人士，即使我们认为他们是骗子，即使我们不愿把自己辛苦赚来的钱送给他们，也不要对他们施以白眼。就看在都是人的份上，就看在他们身有残疾的份上，请给予他们足够的尊重。因为，他们绝对是没有办法，或者说没有更好的办法，才会出此下策。

看到凌晨四五点钟迎着寒风卖煎饼果子的老人，不妨花点钱到他们的摊子上吃一吃，随口和他们聊一聊，他们很可能是要供养家里的大学生或是有了不得已的难处，才会在这把年纪还出来顶风冒雪。我们吃多少没关系，事实上我们也吃不了多少，重要的是，请不要和他们大谈卫生、大谈质量，这会让他们的心很痛、很痛……

甚至，我们不要去鄙视那些从事特殊行业的姐妹们，她们的灵魂应该是干净的，至少比那些"金玉其外，败絮其中"的伪君子强。不

要咒骂她们、厌弃她们，试想，倘若还有其他的出路，她们会不会甘心去出卖自己的肉体？而她们出卖的也就仅仅是肉体，她们的灵魂，应该还在。

闲暇之余，不妨换上干净、整洁但不要太过昂贵的衣装，走到弱势群体中去，去看看他们在忙些什么、说些什么、想些什么，能不能帮上他们还在其次，重要的是要有这颗心。

是的，我们要做个富有同情心的女人，我们要学会与别人一起去承担苦难；要学会用心去关怀弱者；要学会以情去感动人。我们大可不必为自于拙于言辞、不谙世事而苦恼，只要我们拥有一颗同情心，我们就能够够成为这世界上最优雅、最美丽的女人。

女人的胸怀就是要宽广

生活中，确实存在很多矛盾和困难：物价上涨，住房拥挤，人际关系紧张，还有这个"难"，那个"难"，真让人有点喘不过气来。诅咒、谩骂、生闷气都无济于事，倒给疲惫的身躯又增加了几分新的负担。只要冷静观察，就会发现人们的生活本来就是苦、辣、酸、甜、咸五味俱全。在生活中，"看不惯"的很多，理解不了的也很多，失望的也很多。但人的能力毕竟是有限的，愤世嫉俗不会改变事态的发

Part 4　品性如玉，挥洒一片女人风雅

展，不会使关系和缓。所以，首先应当适应事件的发展，在适应中发现"破绽"，掌握改造的契机和应知应会的本质，而不是游离其外去指手画脚。这就是一种宽容的表现，人要顺利走完生命的旅程，就离不开宽容。

作为女人，也许很娇贵，也许很单纯，也许很浪漫，但拥有一颗宽容之心，才是作为女人的完美之本

《红楼梦》中有这么个片段：宝玉问晴雯吃没吃他特意留给她的豆腐皮儿包子，晴雯面露哀怨，抱屈地说被宝玉奶妈李奶奶拿走了。过了会儿，宝玉问茜雪，怎么不把早上沏的枫露茶端上来。茜雪满脸不高兴，说被李奶奶喝了。两事相叠，勾起宝玉怒火。"嘭"的一声，将手里的茶杯摔到地上，立马要去找贾母告状。贾母听说宝玉发脾气摔了杯子，忙派人问是怎么回事，袭人接过话茬儿说，没什么事儿，不过是自己倒水时没留神滑了一跤，把茶盅打碎了。贾母那边一听，也就不再追问。一场疾风暴雨化解的风平浪静，晴雯、茜雪情绪外露，心眼狭小，把事情往"大里说"，结果激起宝玉一腔怒火，导致平地起风波，这是不够宽容的结果；而袭人呢，把事情"往小里说"，让业已泛起微澜的大观园波平如镜，这是袭人宽容的个性所致，所以深得贾母、宝玉的信任和喜爱。

借古于今，只是借此说明：在我们工作、生活的旋涡里，会遭遇数不尽的非原则性矛盾。碰撞这些矛盾时，有些女人往往不控制，跟着感觉走，并不太考虑别人的感受，有时性起，就引发出了无谓的争端。因为，女性有时往往容易情绪化一点。常常是由于一两句话对付，就互不相让，结果撕破了脸皮。然而，事事计较未必就能得到想要的

结果，已经发生的事情也不会有任何改变。相反，以宽容的态度待人，以理解作为基础，站在客观的角度给人评价，却可以从别人身上学到自己所没有的长处和优点，也能使自己对对方的不足给予善意的充分理解。

作为女人，唯独宽容承让才有可能让自己更加的神采飞扬，不必羡慕或嫉妒别人怎样，在更多的时候我们应该尝试着做个欣赏别人美丽的女人，而不是攻击别人美丽的女人。女人的美是多样的，也是多元化的，而女人的个性尽管有太多千奇百怪的差异，但唯独做到宽容与大气，才能让自己活得更加漂亮与精彩。

请让自己怀有孩童般的宽容

有一个家里非常富裕的漂亮的女人，不论其财富、地位、能力都无人能及。但她却郁郁寡欢，连个谈心的人也没有。于是她就去请教无德禅师，如何才能赢得别人的喜欢。

无德禅师告诉她道："你能随时随地和各种人合作，并具有和佛一样的慈悲胸怀，讲些禅话，听些禅音，做些禅事，用些禅心，那你就能成为有魅力的人。"

女士听后问道："大师此话怎么讲？"

无德禅师道:"禅话,就是说欢喜的话,说真实的话,说谦虚的话,说利人的话;禅音就是化一切声音为微妙的声音,把辱骂的声音转为慈悲的声音,把诋毁诽谤的声音转为帮助的声音;禅事就是慈善的事、合乎礼法的事;禅心就是你我一样的心、圣凡平等的心、包容一切的心、普渡众生的心。"

女士听后,一改从前的霸气,不再因为自己的财富和美丽而凡事都争强好胜了。对人总是谦恭有礼,宽容大度,不久就赢得了所有人的认同,拥有了很多知心的朋友!

这个故事是要告诉我们:宽容是一种修养,一种境界,一种美德,更是一种非凡的气度。作为女人,也许很娇贵,也许很单纯,也许很浪漫,但拥有一颗宽容之心,才是我们最可爱的地方。

然而,很多人不懂宽容的真正含义的,更难以真正做到宽容。其实宽容对于我们来说十分重要。在长期的家庭生活中,它是吸引对方持续爱情的最终的力量,它不是美貌,不是浪漫,甚至也可能不是伟大的成就,而是一个人性格的明亮。这种明亮是一个人最吸引人的个性特征,而这种性格特征的底蕴在于,一个女人怀有的孩童般的宽容。

即便无法避免爱情的悲剧,最终到了各奔东西的时候,宽容的女人也不会忘了说声"夜深天凉,快去多穿一件衣服"。因为一个犯了错的人,他也许正在他的内心谴责着他自己;而且,在这句话中,你不但在给自己机会,同时也在给别人机会。

现实生活中常常发生这样一类事情:

丈夫在生意场上爱上了一合作伙伴,那是个腰缠万贯的独身女人,且年轻貌美,聪明能干。

妻子知晓后无法接受这一事实：大吵大闹，寻死觅活。"祥林嫂"般的见人就哭诉："都十几年的夫妻了，他居然这样。我要离婚！"

那男人看起来居然很委屈的样子，说："本来不想闹大，是她不依不饶，让我觉得没有办法在家里呆下去了。"后来，丈夫坚决要离婚，理由就是妻子太小气。

妻子此时也冷静下来了，分析了一下目前自己的处境后，她对丈夫说："我给你3个月的时间，让你去和她过日子。如果你们真的难舍难分，我成全你们；如果过不下去，你还是回来，我们好好过日子。"

丈夫带着壮士一去不复返的豪迈走进了独身女人的家。两个月零七天后，丈夫回来了，说："我们好好过日子，我离不开你和女儿。"妻子微笑着接纳了丈夫……

我们先不谈论在这件事情上女人受到了多大的委屈，单看其结果，也足以说明：学会了宽容，最大的收益人是女人自己。

章含之的《跨过厚厚的大红门》中有这样一段话："有一次，别人看到乔冠华从一瓶子里倒出各种颜色的药片一下往口里倒很奇怪，问他吃的是什么药。乔冠华对着章含之说：'不知道，含之装的。她给我吃毒药，我也吞！'"这是一种爱的表达。

乔冠华是何等人物，他对爱的理解是如此之深。其实每一个深深爱着的女人，都会心甘情愿地献出自己的一切，去悉心地照料、庇护她所爱的人。男人在女人面前永远是长不大的孩子，生活中他们有着太多的不可爱，然而女人不宽容他们，他们又有何幸福可言呢？

宽容，能体现出一个女人良好的修养，高雅的风度。宽容不是妥协，不是忍让，不是迁就，宽容是仁慈的表现，超凡脱俗的象征，任

Part 4　品性如玉，挥洒一片女人风雅

何的荣誉、财富、高贵都比不上宽容。姐妹们要认识到，宽容别人其实就是宽容我们自己。女人，因容而柔，因宽而美，学会了宽容，我们才能做到雅致。

优雅的女人不生气

有人说女人是最讲理的动物，因为她们随便做什么事、说什么话，都能给自己找到最好的理由；也有人说女人是最不讲理的动物，因为很多时候她们的理由根本无法让人理解。女人经常会因为一个莫名其妙的念头跟自己生气，也可以因为一件小得不能再小的事情，惊天动地地发一场大得不能再大的脾气，至于到底是因为为什么，恐怕很多时候连她自己也说不清楚。

其实生气这种事谁都不能避免，不只女人会生气，男人也同样一身的脾气，只是大多数女人生气的频率比男人要高。同时因为各种各样理由生气的女人，在生气时上演的版本也各不一样，有的会化悲愤为食量，有的会干脆蒙头大睡，有的花起钱来如流水，有的一哭二闹三上吊……有趣吧？这就是女人，形形色色的女人，多姿多彩的女人，爱生气的女人。女人生气是一种宣泄，不能说一定要禁止，但起码别像泼妇骂街，有理咱就说理，倘若遇到讲不出道理的人，干脆就置之不理。总之，别拿别人的过错来惩罚自己。

美女林志玲有一次接受某地方时尚台采访，该栏目主持人据说有些背景，对林的态度很不友好，访谈中多次打断她，并对林志玲的一些观点大加反驳。

连观众都感觉到对方的不友善了，但林志玲虽然一开始有些不适应，却还是很好地回答了对方的问题，态度不卑不亢，得体亲切。这让很多人对林志玲的印象大为改观，从此路转粉。

奥黛丽·赫本有句名言："优雅的女人不生气。"说的应该就是林志玲这样的女人吧。

其实，优雅的女人也不是没脾气，而是懂得在任何时候控制自己的情绪。她们知道，人生苦短，耗费时间和精力去生气是一种傻瓜行为，乱发脾气，乱了心绪，会让青春的容颜消逝得更快，最终伤害的还是自己。面对那些阴风浊浪，冷漠嘲笑，她们宁愿选择一笑而过。优雅的女人心胸是开阔的，断断不会为了一点小事耿耿于怀，大动肝火。她懂得，世间完美的事太少，纠缠在输赢得失中毫无意义，浮华名利也不过是过眼云烟。与其纠缠不休，不如放开念念不忘的痛苦，放下咄咄逼人的挑剔，用宽容的姿态拥抱世间的一切。

聪明的女性想要美丽、想要健康、想要幸福，那么从这一刻就停止拿别人的过错惩罚自己吧！

收敛起虚荣的鬼魅之气

虚荣是个魔鬼。女人一旦被这魔鬼攫住、附体，便会有鬼魅之气。

在网上看过一个帖子，题目是："浮华背后"，写的是我国某个交通发达的城市，做了一项调查，然后发现，在月收入2000~3000元的这一女性群体中，有很大一部分人，竟会攒下她们大半年的收入，然后去高档专柜买一个威登挎包，美滋滋地挎着包去挤公交车，或走路出行上下班。想来，"死要面子活受罪"说的大概就是这种女人吧。由此，女人的虚荣心可见一斑。为了一个包去奔波，劳神劳力大半年，不知这算不算是自己跟自己过不去？

Elva是个很爱美的姑娘，也很会打扮，刚认识她的女孩都愿意与她一起逛街，因为她眼光时尚，可以提供很多建议。Elva交往过好几个男人，她常常以此为荣，

Elva的朋友们都渐渐谈恋爱或者结婚了，从那时候起，如果大家一起逛商场，别人买的东西比她的贵，或是别人老公送的礼物比她男友送的礼物好，她回家就会找男友索要，满足不了就吵闹。后来她男朋友实在受不了了，选择了逃跑。她落了单以后因为急于求成，随便

嫁找个人就嫁了，条件只能说尚可。她妹妹隔年找了个帅气又有钱的男朋友，两个人感情很好，没谈多久就准备结婚。她总是劝妹妹和那个男人分手，因为据她多年经验来看，这样的男人大多靠不住。她妹妹说她危言耸听，毅然决然地嫁了过去，婚后生活一直很好，只是姐妹俩家的关系并不太好，很少走动。

她生了娃，有些黑瘦，像爸爸，她听说别人的小孩养得白白胖胖，就说小孩胖样子看起来很傻。一到聚会，她就会对那些别人买了而她买不起的东西评头论足，说的一无四处。现在，她的朋友越来越少了，没有人愿意再接触她。

Jamie 家里出了问题，老公有了小三，正在和她谈离婚。Jamie 一把鼻涕一把泪半夜找闺蜜诉苦，说到激动处，哽咽不已。对于 Jamie 的遭遇，尽管闺蜜颇为同情，但对于这一天的到来，似乎早有预感。Jamie 是个个性要强的人，同样虚荣心也很强，事事都要和别人比，一定要自己赢了才算体面。先是比老公，老公收入不如别人，于是成天耳提面命，也做足了功夫，督促枕边人发愤图强；而后是比孩子，成绩不够好，就拼命替孩子请家教，报补习班，坚决不让孩子输在起跑线上。结果，老公有钱了，也把 Jamie 抛开了。Jamie 本意是超过别人，让自己处处都有面子，却不曾想，到了最后，输在了自己的虚荣心上，遇到婚姻危机。虽说这个男人做得很不对，可设身处地想一想，天天被老婆指东指西勒令拼命，过日子跟打仗似得，谁受得了？所以男人一旦有了能力，首先想换掉的当然是你。

虚荣是附在女人身上魔鬼，在虚荣的面具下，往往显现的是狰狞的内心世界。一个人的虚荣会给自己以及身边的人都带来伤害。

Part 4 品性如玉,挥洒一片女人风雅

虚荣的深层心理是心虚。表面上追求面子,打肿脸充胖子,内心却很空虚。表面的虚荣与内心深处的心虚总是不断地在斗争着:一方面在没有达到目的之前,为自己不如人意的现状所折磨;另一方面即使达到目的之后,也唯恐自己真相败露馅而恐惧。一个女人如果永远被这至少来自两方面的矛盾心理所折磨,她的心灵总会是痛苦的,完全不会有幸福可言。

换个话题说,女人有虚荣心也并非完全是坏事。周国平在《我心中的好女人》一文中说:"虚荣难免,有一点无妨,还可以给人生增添色彩,但要适可而止。"是的,平庸、平淡的女人,犹如半阴不晴、死气沉沉的天气,让人觉沉闷压抑无聊乏味。而女人性情中一些非常、鲜明的独特之处,则如满天熠熠闪烁的星光,让生命灵动、闪亮。女人小小的虚荣亦如此。但过分的虚荣,就像过量地涂抹于面皮上的浮彩,过多地坠挂于身上的饰物和穿加于身的颜色,在让人些许眼花的同时,难免厌烦。睿智的女人自是巧妙调配人生和生活色调的高手。智慧的女性会花更多的精力去提高自身的气质修养,然后再配上适合自己气质的外在装扮,内外兼修,成就有品位的美!

别在嫉妒之中走火入魔

一个女人说,自己的闺蜜各方面都顺得不得了,本人漂亮,老公帅气又能干,疼老婆,孩子可爱,生活优越,很是让人羡慕,她就觉得心里有些不平衡。

忽然有一天,闺蜜花容失色,面容憔悴,痛哭流涕,原来她老公出轨了。女人在安慰闺蜜的同时,心里油然而生一种"快慰",她感到了"平衡"。

最后,她总结道:自己遇到挫折的时候,千万不要对别人说,要打碎了牙往肚子里吞,免得在寻找别人的安慰的同时,安慰了别人。

这就是典型的嫉妒。女人善嫉妒,这种现象好像从女人出现以后就一直存在着。能让女人产生嫉妒的东西实在太多,恐怕数都数不过来。女人一旦嫉妒起来,就算是上帝也会头疼。女人之间的交往一旦产生了嫉妒,这友情不毁掉也会淡几分。

女人最容易嫉妒的就是同性,女人间的嫉妒弥漫在生活的每一个角落:

一个女人如果工作能力很强,周围的女人就会暗地里说她"强势"或"蛮横",她们会说:"这样的女人应该没有几个男人受得了吧。"与

Part 4 品性如玉，挥洒一片女人风雅

此同时，她们甚至还会私底下同情起她身边的男人，而如果她的婚姻真的出现了问题，那么这些人觉得理当如此——谁让她那么强势呢？自作自受！

一个女人如果说有很高的学历，那么周围的女人就会不自主地觉得她很傲慢，即使那只是一种应有的自信，但在她们看来那也是不可一世。

一个女人如果含着金汤匙出身，那么不管她为自己的人生付出多么大的努力，她都会被说成一个不知民间疾苦、本身没有能力的千金小姐，而她今天所拥有的一切，都是"拜家庭所赐"。

一个女人如果非常漂亮，那一定会被别的女人说成是花瓶；如果胸部很大、身材很好，那么说她"胸大无脑"的女人肯定要比男人多得多。

一个女人离了婚，无论谁对谁错、是什么原因，在别的女人看来，那几乎就是一桩丑闻，是女人不可抹去的耻辱——她一定有什么不可容忍的缺点，才会让人家给休了吧。

女人在嫉妒心泛滥的时候，甚至连自己都不放过。嫉妒心强的女人要是闲着没事，就会在那狠狠地想：怎么人家就长得像周迅一样空灵？怎么人家就能过上富太太的日子呢？怎么人家的就那么有才情呢？想来想去，直把自己想得自卑甚至卑劣。

嫉妒心爆炸的女人不能容忍别人超有任何地方过自己，在她们的意识里，"我"办不成的事儿最好别人也别办成，"我"得不到的东西最好谁也别得到。为了满足自己这种扭巴的心理，她们甚至什么事情都做得出来。

王燕与郑露是某艺术院校大三的学生，同在一个宿舍生活。入学不久，两个人就成了形影不离的好朋友。王燕活泼开朗，郑露性格内项，沉默寡言。郑露逐渐觉得自己像一只丑小鸭，而王燕却象一位美丽的公主，心里很不是滋味，她认为王燕处处抢自己的风头，心中暗暗恨着王燕。大四那年，王燕参加了学院组织的服装设计大赛，并获得了一等奖，郑露听到这一消息以后心中特别难受，便趁着王燕不在宿舍时将她的参赛作品撕成碎片，扔在床上。王燕回来以后，看到这种情况不知道该如何与郑露相处，更想不通事情为什么会变成这个样子。

嫉妒不被阻止，就会衍生出恨，这种恨使我们对他人的才能和成就感到痛苦，对他人的不幸和灾难感到痛快。可以说，我们不是在自己的成就里寻找快乐，而是在别人的成就里寻找痛苦，所以我们自己的不幸和别人的幸福都会使自己感到痛苦万分。

所以说女人活得累，大多数其实是心累，大部分是自找的，是过于自我而产生的嫉妒，是不肯输于别人的不甘心，是过于敏感的本能反应，因此种种，女人容易情绪化，与人相处难，因此一生中难得有几个长久的知己姐妹。

每天，不止有多少女性沉没在这种毫无意义的消耗中，今天嫉妒这个，明天嫉妒那个，把大好的青春都浪费在毫无意义的情绪上。当然你不让女人嫉妒也不可能，其实适度的嫉妒心对每个女性来讲都是正常的，只是别让她成为一种病态。

我们应当学学那些聪明女人，她们一旦意识到自己有了嫉妒之心，就会立即刹车，打消损人的恶念，把嫉妒心转化为向他人学习的动力，努力追赶上去，事实上，也只有这样，我们才能拥有充实快乐的人生。

Part 4 品性如玉，挥洒一片女人风雅

永远不做怨妇型女人

抱怨可以说是女人的一个通病。年幼时，我们抱怨自己的玩具没有其他小朋友多；上了学，我们又抱怨老师偏向谁；再大一点，我们开始抱怨衣服没有人家的漂亮；然后呢？抱怨自己的男友不如别人的帅、抱怨自己的老公不如别人出息、抱怨工作不尽人意、抱怨领导不公平……总之，我们一直再抱怨这、抱怨哪。或许正因如此，女人又有了个别名——"怨妇"。

我们应该明白，这世间从来没有绝对公平的事情，儿时我们抱怨是因为不懂事，此时我们抱怨或许是出于本能，但至少有一点我们需要注意——抱怨总要分个场合地点。倘若不管何时何地，无休止地唠叨个没完，那么很有可能毁掉你辛苦建立起来的形象，乃至令你之前所做的努力全部毁于一旦。

小琪是一家公司的行政助理，同事们都把她当成公司的"管家"，大家事无巨细，都来找她帮忙。这样一来，小琪每天事务繁杂，忙得团团转，牢骚和抱怨也就成了家常便饭。

这天一大早，又听她抱怨"烦死了，烦死了！"一位同事皱皱眉头，不高兴地嘀咕着："本来心情好好的，被你一吵也烦了。"

其实，小琪性格开朗外向，工作认真负责，虽说牢骚满腹，该做的事情，则一点也不曾含糊。设备维护、办公用品购买、交通讯费、买机票、订客房……小琪整天忙得晕头转向，恨不得长出八只手来。再加上为人热情，中午懒得下楼吃饭的人还请她帮忙叫外卖。

刚交完电话费，财务部的小李来领胶水，小琪不高兴地说："昨天不是刚来过吗？怎么就你事情多，今儿这个、明儿那个的？"抽屉开得噼里啪啦，翻出一个胶棒，往桌子上一扔："以后东西一起领！"小李有些尴尬，又不好说什么，忙赔笑脸："你看你，每次找人家报销都叫亲爱的，一有点事求你，脸马上就长了。"

大家正笑着呢，销售部的王娜风风火火地冲进来，原来复印机卡纸了。小琪脸上立刻晴转多云，不耐烦地挥挥手："知道了，烦死了！和你说一百遍了，先填保修单。"单子一甩："填一下，我去看看。"小琪边往外走边嘟囔："综合部的人都死光了，什么事情都找我！"对桌的小张气坏了："这叫什么话啊？我招你惹你了？"

态度虽然不好，可整个公司的正常运转真是离不开小琪。虽然有时候被她抢白得下不来台，也没有人说什么。怎么说呢？应该做的，她不是都尽心尽力做好了吗？可是，那些"讨厌"、"烦死了"、"不是说过了吗"……实在是让人不舒服。特别是同一办公室的人，小琪一叫，他们头都大了。"拜托，你不知道什么叫情绪污染吗？"这是大家的一致反应。

年末时，公司民意选举先进工作者，大家虽然都觉得这种活动老套可笑，暗地里却都希望自己能够榜上有名。奖金倒是小事，谁不希望自己的工作得到肯定呢？领导们认为，先进非小琪莫属，可一看投票结果，50多份选票，小琪只得12张。

有人私下说："小琪是不错，就是嘴巴太厉害了。"

小琪很委屈："我累死累活的，却没有人体谅……"

什么叫费力不讨好？像小琪这样，工作都替别人做到家了，却为逞一时之快，牢骚满腹，结果前功尽弃。当今社会，竞争愈演愈烈，我们不可能一直在竞争中处于绝对优势，更不可能捧得一份铁饭碗，"存在"固然未必"合理"，但抱怨只能令我们碌碌无为。将不满藏在心中，矫正心态，积极地去应对那些令你怨气横生的人和事，这才是聪明女人该做的事。

可以霸气，但决不能霸道

无论我们谈论女性的解放，强调女性的发展，还是倡导两性的和谐，其最终的目不外乎那一点——让女人过上幸福的日子。当然，这里所说的幸福与物质并没有太大关系，并不是说你嫁个有钱、有权、有车、有房的老公，那就是幸福了，从幸福的本质上说，这些与幸福无关，幸福实质上应该是充盈在内心的一种淡定，一种看似什么都没有，但却什么都不缺少的从容。

毫无疑问，每个女人都想得到幸福，我们每个人可能都曾苦苦追求过幸福，我们甚至也都曾为幸福忐忑不安——出嫁前，我们害怕嫁错郎，从此便真的与幸福无缘；结婚后，我们怕自己不插手，那个"窝囊"的丈夫打理不好家里的一切，于是从指指点点到大包大揽，我们什么都管，包括男人，我们俨然已经成了家中的"霸王龙"，张牙舞爪，横行霸道，而且我们的自我感觉一直很良好，自以为是自己撑起了这一片天，自认为能够掌管家中一切的就是幸福的。但事实真的是这样吗？

我们来看看朋友小夏的经验之谈：

"那些岁月中，我总是数落丈夫洗的衣服不干净，买回来的菜既贵又不新鲜，给我买生日礼物是浪费钱，给孩子检查作业一点也不认真等等。在我的数落中，家里的脏衣服堆成了山，丈夫却装作看不见。冰箱空空如也，他下班后仍然悠悠闲闲地空手回来，并且还振振有词："我干的活你都看不上，你就自己干吧。"从此，我生日那天再也没见过礼物的面，劳累了一天，晚上还得检查孩子的作业。

虽然大权独揽，我却没有感觉到幸福，并且越来越发现，这种幸福其实是个沉重的负担，我已无力背负它前行，却又无法将它放下。于是，无休止的争吵开始了……

夫妻之间的争吵是一把无情的刀，总是将双方刺得伤痕累累。有些婚姻被这把刀割裂了，有些婚姻在破裂的边缘徘徊。

所幸的是，我遇到了一位朋友，他一眼就看出了我的问题所在，他提醒我要做一个正常的女人。难道我不正常吗？我很疑惑。他说："正常的女人把自己该做的那一份做好就行了，不会把手伸那么长，你把丈夫该做的事都做完了，还要丈夫干什么？"我惊愕！这么多年来，我一直在侵犯丈夫的主权,自己却浑然不觉。

听完朋友的话后,我慢慢从家里霸主的位子上退了下来,在做好自己分内事的同时,放手让丈夫去做他该做的事。

我不再那么累了,丈夫也越来越快乐了。以前家里三天一小吵,五天一大吵的情况基本绝迹。每天下班回家后,我们的脸上都有笑容,我们的心中都有甜蜜,偶尔出现的问题也会在彼此的商量中很快解决。

前不久,从没夸过我的丈夫竟然对我说:"我看你现在才活明白。"

从我自己身上,我发现了一个真理:女人自己好过了,才能让丈夫好过,妻子和丈夫都好过了,一个家的日子才好过。所以,女人一定得让自己好过。

那么,女人怎样才能让自己好过呢?我认为,女人要想让自己好过,就得与霸道永远告别,与霸气结伴而行。"

看过小夏的故事,相信大家已然有所感悟。不过有的朋友或许要问——难道霸气和霸道不是一回是吗?其实霸道与霸气这两种个性,字面上虽然只有一字之差,本质上却有着天壤之别。霸道的女人是这样的:她们唯我独尊,制造纷乱,让人恐惧,也让人生厌;霸气的女人则不同,那是一种凛然不可侵犯的气质。

细说之,霸道应该是内心虚弱的一种表现,说白了就是外强中干,因为内心有着极度的不自信,所以虚张声势地掩盖自己的恐惧,妄图通过这种方式牢牢控制自己想要得到的东西,因而可以说,这是不强大却装出的强大,是不高贵却装出的高贵。

而霸气,我们已经说过,那就是一种气质,是骨子里透出来的高贵,是不怒自威的气势,是神圣不可侵犯的尊严。这样的的女人,永远不会成为别人手中的玩物，不会低三下四地看人脸色行事，更不会以掌控他人为乐。她们根本不需要通过打压别人来证明自己的价值。

　　霸气的女人都懂得，这个世界缺了谁都会照样精彩，这个地球没了谁也不会停止转动。所以不管她们的事业多么成功，不管她们把事务处理得多么井井有条、妥妥帖帖，都不会过高地估量自己的位置。所以不管经历过什么，她们总是怀着一颗谦卑的心，她们知道这个世界不支持女人唯我独尊的思想，她们更知道，如果一味地相信自己的强大，那么总有一天会在自我陶醉中体味到跌落谷底的痛苦。

Part 5
举手投入，尽显女人芬芳神韵

气质优雅，一个向来令芸芸众女顶礼膜拜的词汇，它是很多已然优雅的女人傲视群芳的资本，也是很多优雅未遂的女人不断奋斗的目标。那么，到底什么是优雅？从某种程度上来讲，优雅的气质是一种克制，它不会无所顾忌、任性而为，它就藏在生活的那些细小习惯当中，就在那一颦一笑、举手投足之中。

婀娜娉婷，走如流云般优雅

每一个女人都希望自己的走姿如流云般优雅，款款婀娜的步态是女性独有的一种风韵，能够尽显女性的温柔、端庄与高雅。那么，我们怎样才能走出女性的风采呢？

1. 要领

（1）以腰部为中心，以腰带脚，移动重心。

（2）挺胸抬头，双目平视，下颌略向内缩，面含微笑。

（3）膝盖平直、脚跟自然抬起、两膝互相碰触。

（4）保持良好地节奏，肩膀放松，手指自然并拢。

2. 方式

女性行走的姿势极为重要，会直接影响形象的美丑。一般来说，我们在行走时应该注意：

（1）迈步时脚尖应向着正前方，脚跟先落地，脚掌紧跟落地。

（2）走路时应挺胸收腹，两臂自然摆动，节奏快慢适中，给人一种从容不迫的动态美。

（3）步度合适。即行走时两脚之间的距离要合适，其一般标准为——一脚踢出落地后，脚跟离另一只脚脚尖的距离恰好等于自己的脚长。

（4）步韵优美。女性走路时，膝盖和脚腕都要富有弹性，两肩自然、轻松摆动，使自己走在一定的韵律中，这样才会显得自然而又优美。

3. 禁忌

（1）最忌内外八字步。

（2）忌头颈前躬，左顾右盼、弯腰驼背、斜肩晃臀。

（3）忌一边走路一边对人指指点点。

（4）忌双臂左右摇摆。

（5）忌跨步过大，最大步幅不应超过脚长的 1.6 倍。

以上这些禁忌动作既会令我们优雅尽失，又失礼数。所以说，如果你想做一个优雅美丽有气质的女人，平时就一定要有所注意。

仪静体闲，坐姿尽显女性端庄

坐姿是影响女性形体美的又一大关键因素。优雅的坐姿不仅能够使女性的形体看起来婀娜多姿，更能展将女性的气质展现的淋漓极致。但事实上，由于不了解坐姿的要领，我们在日常生活中犯下的坐姿错误也不少。

那么，如何才能坐得端庄优雅呢？我们一起去看一下：

在与客人交谈时，不妨朝椅内坐得深一点，并保持背部直立，腹部自然收紧，膝盖并拢，这是女性标准的坐姿，会使你看上去优雅且又从容。相反，如果你坐得很浅，看上去就会显得较为拘束，切需要以脚用力着地来平衡身体，这种坐姿会使你的背部微驼，下颚前倾，毫无形态美可言。

很多女性也有跷二郎腿的习惯，这在社交场合是被认为是很不礼貌的。如果实在是难以改掉这个习惯，那么一定要注意姿势，我们可以这样——收拢裙口，遮掩到直至膝盖以下部分；支撑的脚不要倾斜，双腿内侧靠近，大腿外侧收紧；双手自然搭在腿上——这种坐姿或许看着还算可以。

到别人家做客，不要径直斜靠在椅背上，或是陷靠在沙发中。前者会让人觉得你很随便或是傲慢无礼，或者会让人觉得你消极懒散，缺乏生气。

与朋友同坐一张沙发时，叠腿的姿势应保持一致性，标准的坐姿是双腿并拢略略向朋友一方倾斜，略微侧身，这样会让你看上去更加亲切、端庄。

Part 5 举手投入，尽显女人芬芳神韵

优雅赴宴，亮出一抹照人风采

宴会场合中，女性们竭力表现出自己最好的一面，谁都不想输给别人。宴会中宾客很多，女宾们大都穿上华丽的新衣，而且容光焕发，你当然不应例外。也许你不喜欢穿的太过耀眼，不喜欢受人关注，但也要坚持一定的原则，最低限度也应该使自己的外表比平时更为美观一些，这也是社交上的一种礼貌，并不只是为了表现自己。

1. 宴会服装

女性的宴会服装采用丝、丝绒、雪纺纱、缎之类轻软而富于光泽的衣料，这样的衣料能够显衬出女性高雅窈窕的身姿。晚宴服最好用黑、白、红、蓝、黄等纯色，因为纯色能更好展现女性身段且容易给人以端庄之感。

宴会着装的款式应高雅得体，显示出女人的身体优势。肩膀和颈部漂亮的可露出双肩。胸部丰满的可穿低胸或中空样式，腿修长的可穿开中、高叉或短裙。袜子宜透明，或选择印花丝袜。鞋应选用丝或缎面、鹿皮面质料的高跟鞋，这样走起路来才会有姿有色，款款生恣。

手袋应和鞋同样质感，最好配套，大小不超过两个手掌宽度。手拿式最优雅。手袋里的东西不可太多，只宜放些小型的女性随身用品。

在进行服饰颜色选择之前,不妨问一下自己:你或你的伴侣是这次邀宴的主客吗?客人多不多?宴会上的人来自哪个阶层?宴会目的何在?自己是否要帮忙招呼客人?

选择服装颜色时,首先要注意和背景相配。比如,会场的墙壁、地板的颜色等。在背景深、浓的情况下,若是穿着类似的颜色,就会被它遮住你的风采。

其次,是加强主色。主服色彩过多,在光彩照人的众多宾客中会让人眼花缭乱,因此套装或色彩单纯的洋装、长礼服较为适宜,能给人比较深刻的印象。

第三,在服装的重点部位添加闪烁耀眼的效果,例如袖圈、下摆缀上闪亮的珠片,或是戴上金、银宝石等发饰或首饰,尤以胸前的饰物最为醒目,会随着角度的变化闪闪发光,将强调效果发挥到极致。

另外,黑紫、黑蓝、黑绿的组合能予人华丽、时髦的印象,很适合晚宴穿着,而上由于其独具的神秘感,更能使人备受瞩目。

3. 宴会化妆

(1)彻底地沐浴一番,把从头到脚的污垢都洗去,给自己全身舒爽的感觉。沐浴后,用护肤品涂在手臂、腿和颈部上,轻轻地擦匀,然后躺在床上养养神,因为你当然不愿在宴会时使人发觉你面带疲倦。

(2)化妆要浓淡适中。如果你有一张漂亮雕脸孔,那么淡淡的修饰一下,更能显示出你的秀丽和高雅的气质。有一点需要注意,一切化妆能程序都应该在家里完成,因为在公共场合当着别人面前化妆是不礼貌的。

(3)合理的使用香水。香水的气息最能表现品位。白天选用香味

较甜较浓的香水,夜晚选用香味优雅的香水。香水应喷在人体脉搏跳动部位,如耳后、前胸、手、脚、手肘弯或腿膝后。手掌间如用些微香水后再和人握手会更富有女人味。

(4)打扮完毕后,别忘了对着镜子照一照,你穿上准备好的衣服以后,在全身镜前面照一照,看看还有没有什么不妥的地方。检查完毕后,也可以让周围的人看看自己有什么遗忘之处。

想要在宴会上光彩照人,成为宾客关注的焦点吗?那么请重视你的仪表仪容,把自己最完美的一面展现出来。

五彩西餐,吃出品位与层次

在大多数情况下,我们只用筷子、刀叉作为餐具就足够了。然而一些比较特殊的菜肴还是要求我们使用些特殊餐具,特别是还要掌握好正确的进餐方式。如果我们没掌握它们的吃法或忽略了需要注意的地方,那么就难免在餐桌上有失体统,甚至成为他人的笑料。另外,复杂是相对而言的,只要掌握要领,难者亦易矣。以下举几个例子来说明。

(1)简单实用的洗手碗

在食用特殊菜肴的过程中,大都少不了洗手碗这一辅助工具。那么,在什么情况下应预备洗手碗呢?简而言之:需要动手的地方就要预备。例如:吃鸡时取出骨头,橄榄核要用手从嘴中取出。当然,如有人能用叉子或勺子从嘴中取出更为典雅,但从实用角度来看,用手更方便,更实际,更易被人接受。下面将要叙述的菜肴大多数都需要准备洗手碗。

用什么碗根据不同情况,有时可直接用尺寸合适的碗,有时也可以用深盘;质地可以是玻璃,也可用不锈钢或瓷器。洗手碗底下放置一个托盘,两者之间要垫上一块餐巾纸。

洗手水一般情况下洗手碗中放入的是温水或热水。液体占容器的三分之二即可,为了便于洗掉油腻的剩物,里面可放入一片柠檬。一般应每人面前配置一个,而且应在需洗手那道菜上来之前就放在桌上备用。

(2)吃鱼有讲究

西餐中很大一部分的鱼类餐是鱼片、鱼块或鱼条。因为这样做对于食用者来讲非常省事方便。在西方国家,很多人看到带有鱼刺的鱼时,都下意识地带有敬而远之的心理。因为从嘴里把鱼刺吐出来不是件容易事,不少人对此很发怵。尽管如此,西餐里还是有许多名菜是整条鱼端上饭桌的,例如汤汁鱼、香煎鱼等,还是受到许多美食家的欣赏。那么,我们如何来对付它们呢?在餐厅进餐时,作为客人来讲,你可以选择:服务员为你来办,把整条鱼弄成鱼片;当然你也可以自己来处理,一边欣赏整理,一边自我享受(剩物盘作为放鱼皮、鱼鳍和鱼刺等剩物的容器一定在用餐之前就准备就绪)。具体来讲有以下两个步骤:

一左手拿叉，用叉按住整条鱼，用刀把鱼鳍取下，放入剩物盘。用鱼刀把鱼皮从头部到鱼尾取下，然后用鱼刀把头部和尾部轻轻切一下，注意不可让头部和尾部脱离整个鱼。取下上面的整片鱼肉，放在盘中。有时放在同一个盘里，有时放在另一个盘里，这要根据需要和当时情况。

二把鱼刺取下，与头部和尾部一同放入剩物盘里。用刀把下面的鱼肉向旁边推开，用此方法把鱼皮和鱼肉剥离。鱼皮放入剩物盘，鱼肉放在刚才取下的那片鱼肉旁边，以待享用。有些人还取下鱼鳃处的一小块，认为这是最有价值的一块鱼肉。这里还需要提示的是：与许多东方人不同，西方人一般不吃鱼皮。

鱼子

鱼子在所有的菜肴里属于价格最昂贵的。有红鱼子、黑鱼子两种。黑鱼子还要贵于红鱼子。必备餐具除鱼子勺以外，普通刀叉也应预备。

食用方法食用这道菜应采取"少而精"的原则。将一小盘或一小盒鱼子放在碎冰上。客人用鱼子勺取出抹在面包上食用。配餐面包常用Bli。is（一种荞麦面制成的小饼片），同酸奶油汁一同食用。还可加上以下几种辅料食用：煮鸡蛋、鸡蛋黄或熟鸡蛋清切成小块，分开放入小碗里。另外，还可备些洋葱末、柠檬块、吐司、黄油。

鱼汤

鱼汤这是法国南部很著名的一道汤菜。必备餐具鱼叉、鱼刀、勺。辅助餐具洗手碗、废物盘。

食用方法汤盛在大汤盘或大号深碗里食用。汤里有鱼、蔬菜及其他海味，用勺喝汤，用鱼叉取出扇贝肉等，用鱼刀来切割大块鱼和蔬菜等。搭配的主食一般是白长棍面包。各种海味必须用手从盘中取出，所以，一定要预备洗手碗和剩物盘。

（3）好吃不易吃的大龙虾

龙虾经常在套餐里客串主角，它不但属于稀有贵重菜肴，而且颜色漂亮美观。龙虾的烹饪方式很多，摆在盘里的一般是整只或半只，有时也事先将壳剥去，仅用虾肉。当然，如果只是虾肉的话，用刀叉来进餐还是很省事的，但如果是带壳的话，我们如何对付它呢？

必备餐具普通刀叉、虾钳和虾叉，有时还要放上一把勺子，用来饮用虾汁。辅助餐具废物盘，来放置那些皮或壳。洗手碗，因为这道菜总不免要用手，为了避免用油乎乎的手去端酒杯、拿叉刀等，所以洗手碗是不可缺少的。食用方法用左手握住虾头，用右手把虾身拧下来。用虾钳顺边把壳剪开，可剪开一边，另一边用手掰开即可。把虾肉轻轻取出，如有虾肉还在里面的话，可用叉子取出。

（4）洋蓟

在进这道菜时，餐具都是当作辅助工具使用，因为，大部分是时间是用手来吃的。辅助餐具洗手碗、废物盘。

食用方法用左手握住整个洋蓟，右手一片一片取下，底部的肉处沾过汁后，直接放入口中，用嘴把肉挤出食用。剩下的叶子放入废物盘中。

特别要注意的是：用嘴嘬出洋蓟肉时，尽量不要出声音。所有的叶片吃过后，要清洗一下双手，以便使用刀叉。用刀叉把底部的须子切下之后，洋蓟用刀叉食用即可。

这道菜一般配有调味汁，可用奶油类的汁，例如蛋黄酱，也可用清汁,例如酸酱油(辣酱油)。

(5)芦笋

这道菜的吃法上也充分体现了时代在变,人们的进餐方式也在变化,大部分人如今用刀叉切后食用。这种方法已被大家公认为通用的方法了,必备餐具刀叉。

食用方法以前的吃法大家不妨也应有个了解。用右手握住芦笋的大头,左手用叉扎住芦笋的上部,从头部至大头一口一口咬下,不要用刀来切。如以传统方式——用手食用的话,一定要预备洗手碗。

(6)牡蛎

西餐里的这道菜一般是生吃。必备餐具牡蛎刀、牡蛎叉。辅助餐具:洗手碗、废物盘。

食用方法在饭店或餐厅食用这道菜时,是已经打开的;在家里食用,则要自己打开。使用的工具是:牡蛎刀和一块布。手握住布,按在牡蛎上,用刀子撬开壳。

一般用柠檬、胡椒、辣椒汁作为调味品倒在上面,味道很鲜美。

用牡蛎叉把肉取出来食用。这时,必须使劲连汁一起嘬出来,当然这样一来要出些声音,但这道菜属于"特赦",准许出声。

(7)意大利面条

这是一道既被小客人又被成年人喜爱的美食,所以,如搭配的调味汁美味可口,人人都会感到这道菜吃起来既亲切又愉快。必备餐具叉。根据情况还要准备勺和刀。

食用方法一般意式面条是放在深盘子里食用的,欧洲人一般使用勺和叉,而美国人通常还要加上刀。意大利人的吃法:只用叉,右手握叉，用叉尖卷起来吃。另外一种普遍的吃法：左手握勺，右手握叉，叉尖取少许面条，在勺子里把面条卷成球形，用勺子把面条送入口中食用。

（8）水果

饭后或甜点之后食用些水果，即清凉爽口，又有助于消化。但水果的种类繁多，根据形状大小、有皮无皮、果汁多寡而在食用方法上各有讲究。必备餐具刀、叉、勺。一般在中号盘中（根据水果的不同）放置刀叉、叉勺或只是一把勺。

辅助餐具洗手碗。在用手吃水果的情况下，一般都要预备洗手碗。洗手碗的水温不必是热的，由于水果不含油腻，里面不必放柠檬。废物盘：如果是整个水果的话，一定会有些剩物，所以，应预备盘子。

食用方法如果是果盘，一般是经过加工、可即食的。用公用的叉勺取到自己盘中，用叉食用。如果水果块较大，应使用刀将其切成合适的小块，再用叉送入口中。

如是整个水果，吃起来较复杂，因为牵扯到剥皮、取籽的问题。具体讲来：西瓜和哈密瓜用勺吃：如体积较小，可以切成两半，以一半为一份食用。左手扶住瓜皮，右手握勺，从右边开始刮起。这样，避免把瓜弄得七零八落、十分狼藉而有失体面。西瓜籽应用勺从口中取出，放入旁边的盘中或废物碗里，不要随便吐在外边。用刀叉吃：如果西瓜或哈密瓜已经切成一牙一牙的话，那么应使用刀叉来吃。从果盘里取出一牙后，用刀先把果肉同瓜皮分开，然后再把瓜肉切成大小合适的块状，用叉送入口中。注意：为避免吐子，可以用叉在食用前把瓜子拨掉。

Part 5 举手投入，尽显女人芬芳神韵

柚子一般分瓣而食。用一种特殊的柚子刀（弧形带叉的刀勺），它能很方便地把柚子肉同皮分割。由于柚子稍带苦味，很多人喜欢撒些糖来食用，味道极佳。猕猴桃切成两半，用咖啡勺刮出果肉食用。芒果顺着长的一边用刀切成长条形状（可不削皮），直接用刀叉食用。苹果、梨等带核水果食用方法有几种。有人不削皮，整个食用；也有人削皮后整个地吃。讲究一点的吃法是把苹果切成几瓣，然后用刀削皮，去掉籽，用刀叉切成合适的块状后食用，也可用手来食用。

(9) 奶酪火锅

奶酪火锅是瑞士一道很着名的民族菜肴。随着人们对饮食不断广泛的了解，越来越多的人也开始对这种火锅产生浓厚的兴趣。

必备餐具食用奶酪火锅要使用特殊餐具奶酪火锅叉。这种专用餐具比一般餐叉要长出很多，有三个齿。较常见的是木头叉柄，也有用其他金属或烧瓷等，因为柄要接触火锅边，所以首先一定要考虑耐高温。此外，还要准备普通餐叉。

食用方法火锅叉扎住面包后在火锅里沾上奶酪，然后面包同奶酪一同取出。火锅叉不可直接入口，应用餐叉把奶酪面包从火锅叉上取下，用餐叉送入口中。一方面，从火锅里取出的火锅叉滚烫，不宜放入口中。另外，如将火锅叉放入口中，再用它扎面包放入火锅，很不卫生。

还有其他食用方法也可一试：面包块在放入火锅之前，在樱桃烧酒里沾一下，味道更加醇香。当然，这要根据各自的不同口味而自己选择。如果有人不能承受过多的刺激，那么就不要去尝试了。

注意：食用奶酪火锅的面包有讲究，面包块一定要切成大小合适

的正方块，以裹上奶酪后能刚好放入口中为宜。面包块一般用（法式）白面包棍切成。搭配的酒水一般干白葡萄酒最为适宜，如果再喝上一杯红茶就更为理想，因为红茶能帮助更好地消化。

佳人洋酒，饮中别有一番美丽

西餐和中餐有着不同的规矩和礼仪，那么在西餐中我们该如何喝酒呢？下面的一些信息或许对您有用。

酒类服务通常是由服务员负责将少量酒倒入酒杯中，让客人鉴别一下品质是否有误。只须把它当成一种形式，喝一小口并回答 GooD。接着，侍者会来倒酒，这时，不要动手去拿酒杯，而应把酒杯放在桌上由侍者去倒。

正确的握标姿势是用手指轻握杯脚。为避免手的温度使酒温增高，应用大拇指、中指和食指握住杯脚，小指放在杯子的底台固定。

喝酒时绝对不能吸着喝，而是倾斜酒杯，像是将酒放在舌头上似的喝。轻轻摇动酒杯让酒与空气接触以增加酒味的醇香，但不要猛烈摇晃杯子。

此外，一饮而尽、边喝边透过酒杯看人、拿着酒杯边说话边喝酒、吃东西时喝酒、口红印在酒杯沿上等，都是失礼的行为。不要用手指

擦杯沿上的口红印，用面巾纸擦较好。

正式的西餐宴会上，酒水是主角。酒与菜的搭配也十分严格。一般来讲，吃西餐时，每道不同的菜肴要搭配不同的酒水，吃一道菜便要换上一种酒水。

西餐宴会所上的酒水，一共可以分为餐前酒、佐餐酒、餐后酒三种。它们各自又拥有许多具体种类。

餐前酒别名叫开胃酒。显而易见，它是在开始正式用餐前饮用，或在吃开胃菜时与之搭配的。餐前酒有鸡尾酒、味美思和香槟酒。

佐餐酒又叫餐酒。它是在正式用餐时饮用的酒水。常用的佐餐酒均为葡萄酒，而且大多数是干葡萄酒或是半干葡萄酒。有一条重要的讲究，就是"白酒配白肉，红酒配红肉"。这里所说的白肉，即鱼肉、海鲜、鸡肉，吃它们是需要和白葡萄酒搭配；所说的红肉，即牛肉、羊肉、猪肉。吃这些肉的时候要用红葡萄酒来搭配。这里所说的白酒、红酒都是葡萄酒。

餐后酒指的是用餐之后，用来助消化的酒水。最常见的是利口酒，又叫香酒。最有名的餐后酒，则是有"洋酒之王"的白兰地酒。

不同的酒杯饮不同的酒水。在每位用餐者面前桌面上右边餐刀的上方，会摆着三四只酒水杯。可依次由外侧向内侧使用，也可以"紧跟"女主人的选择。一般香槟杯、红葡萄酒杯、白葡萄酒杯以及水杯，是不可缺少的。

在较为正式的场合，饮用酒水颇为讲究具体的程式。常见的饮酒程式之中，斟酒、祝酒、干杯应用得最多。

斟酒通常，酒水应当在饮用前再斟入酒杯。除主人与侍者外，其他宾客一般不宜自行为他人斟酒。侍者斟酒时要道谢，如果男主人亲自斟酒时，宾客则应该端起酒杯致谢，必要时，还需起身站立，女士则欠身点头为礼。

敬酒也称祝酒。往往是宴会上不可少的程式。敬酒时，主人一般都会有祝酒词。在他人敬酒或致词时，其他在场者应一律停止用餐或饮酒。

干杯时，需要有人率先提议。提议者应起身站立，右手端起酒杯，或用右手拿起酒杯后，以左手托扶其杯底，面含微笑，真诚地面对他人。在主人提议干杯后，即使你滴酒不沾，也要起身，拿起酒杯装装样子，以示对主人的尊敬。

只饮香槟只喝一半。西餐用来干杯的酒，讲究只用香槟酒，而绝对不可以啤酒或其他葡萄酒滥竽充数。饮香槟干杯时，应饮去杯中一半酒为宜，当然，也要量力而行。

只敬酒不碰杯。还有一点要注意：在西餐宴会干杯时，人们只是祝酒不劝酒，只敬酒而不真正碰杯的。使用玻璃杯时，尤其不能碰杯。

不能离开座位去敬酒。在西式宴会上，是不允许随便走下自己的座位，越过他人之身，与相距较远者祝酒干杯，尤其是交叉干杯，更不允许。

酒度适量。不管是在哪一种场合饮酒，都要有自知之明，并要好自为之，保持风度，遵守礼仪。

Part 5 举手投入,尽显女人芬芳神韵

浅尝辄止,别让酒精泡掉你的美丽

当今社会,越来越多的女人开始饮用香槟、葡萄酒和各种甜酒,但问题也就随着出现了。虽然戒酒专家说他们尚未发现饮酒的女人在统计数字上有所增长,但他们的确相信,18~25岁之间的女子饮酒最多,58%的酗酒者都属于18~29岁这个年龄段。下面,大家来分析一下这种新型的酗酒行为。

除了对酒上瘾以外,女人酗酒一般存有两个原因:一是为了男人;二是失意的女人。

要知道:爱情、事业与酒无关。

陈露苦恋了陈强好多年,但是陈强只当陈露是他的红颜知己,可陈露不甘于此,她要当红颜之妻。两人的拉锯战一直打到现在。陈露四处飘零,但每年都要拿出几周的时间回到山西老家看他,两人见面难免喝酒,酒至酣处,陈露往往悲从中来,一次甚至把酒瓶子砸碎了往脑门上拍。陈露大声的质问陈强:"这么爱你的女孩,为什么不娶?反正你也找不到心仪的人,不如娶个爱你的人,或许更幸福。"陈强说:"不,你的性格的另一面很暴烈。女人不仅平时要淑女,酒桌上更要讲仪态和修养。喝酒本是一种享受,喝到心花怒放头飘飘脚飘飘最

好，既善待了自己，也不会辱没了酒的清凛仙气。非要借酒浇愁，喝到呕心呕肺面目皆非，把一件幽雅的事搞得俗不可耐的地步，简直就是自残自戕而不自爱，如果你一直这样，到时候和你结了婚，一旦出现什么问题你就开始酗酒的话，生活将无法继续。"

"酒桌上的仪态是女人修养的另一面"，瞧，这就是男人说的话！

女人酗酒在男人看来远比他自己放浪形骸要可恶得多，非但不楚楚可怜，有时简直是面目可憎。不管你承认与否，在一些男人的眼里，女人多少都具有一定的观赏性，你不堪入目，他只有嫌弃，你痛得愈切，他厌得愈烈，逃得愈远。男人有时不会反思自己、心疼对方：我怎么可以让她这么伤心？除了热恋时期——他只会心伤自己：她怎么变成这个样子了，他为自己曾经的美好印象被践踏而伤心，或为自己不得不还要与这个疯子厮守一生而生气。一般情况下，男人是不会原谅女人酗酒的行为的，也不会因此而让步。偶尔，男人让了步，除了怕麻烦以外，更多的是因为还不想失去她或现在还不能舍弃她，所以唯有假装原谅她做出让步，也借机给自己一个良心交代：总算对她仁至义尽了。

酗酒的女人很少能得到男人的欣赏和真爱，而酗酒也从来就不是女人抓住男人的最好利器和最有效方法，更可谓最失败的选择，女人戒掉酗酒的习惯吧！不要让自己的另一半瞧不起自己。

拒绝邀请,措辞婉约周到得体

饭局宴请中,我们必须面对许多选择,但是记住鱼和熊掌不能兼得。在我们面对纷繁的邀请时,要做出两全的决定,这样在交际生活中才会得心应手。

活跃于交际场合的女性,难免派对邀约不断,在面对各种各样的邀约,其中有的值得你去参加,有的却对你没有什么价值。对有价值的邀约,我们可以选择接受,这样双方皆大欢喜。但是你出于各种原因,对一些邀请不能接受,又不好直说"不去"、"不参加",怕伤害对方的自尊心。如何既能够透露内心的真实想法,又不愿表达得太直露,以免刺激对方,这就需要学会拒绝的艺术了。拒绝的方式不得当,不但会显得你很没礼貌,还会伤害邀请你的人。拒绝宴请邀约的技巧有以下几个原则:

(1)学会倾听

耐心倾听对方的邀请与要求。即使在对方述讲中途就已经知道必须加以拒绝,也要听人把话讲完。即表达对其尊重,也可更加确切地了解其请求的主要含义。

(2)理由明确

做出拒绝时,必须指出拒绝的理由,真诚的并且符合逻辑的拒绝理由有助于维持原有的关系。

（3）对事不对人

一定要让对方知道你拒绝的是他的请求，而不是他本身。这时候就要注意自己的表达了，千万不要让对方产生误会。

（4）直接对话

千万不可通过第三方加以拒绝，通过第三方拒绝，只会显示自己懦弱的心态，并且非常缺乏诚意。

（5）真诚相待

把不得不拒绝的理由以诚恳的态度讲明，直到对方了解你是无可奈何，这才是最成功的拒绝。

成功地拒绝他人的不实之请可以节省自己的时间与精力，还可以免除由不情愿行为所带来的心理压力。关键在于：拒绝前必须将对方的利益放在考虑之内，才能做到两全。委婉拒绝邀请可以采取以下几种方法：

（1）彬彬有礼法

当别人邀请你赴宴，而你又不愿去时，可以彬彬有礼地说："我很感谢您的盛情。不过已经有人约了我，所以我今天就没有福气享受您的美意了。"

（2）不说理由法

在有些场合对某些人说明拒绝的理由，有可能会节外生枝，事与愿违。为减少麻烦，可以不说理由。如遇到推销的人又来邀请你去参加会议，你就可以明确表态："实在对不起，我恐怕帮不上您这个忙。"如果他继续纠缠，就再重复一遍，他就会知难而退。

（3）答非所问法

把对方提出的问题，用与之不相符的内容来回答。比如你表示自己另有安排，因此不能接受别人的邀请。而对方一定要打破砂锅问到底，而你确实不方便透露具体信息。这时候就可以采用顾左右而言他的方法。

（4）妥协应付法

当你表示拒绝后，对方还一再纠缠，你就可以采取妥协应付的方法："等我有时间了，一定会参加你们这次活动。"

委婉拒绝的方法远不止上面这几种，你尽可以采用各种各样的方法，只是一定要记住，无论用哪种方法，都不要损伤他人的自尊心。

其实沉静就是一种气质

温暖的阳光下，我们坐在阳台前打开一本自己喜爱的书，伴着悦耳的音乐和卡布奇诺的芳香，就这样享受着属于自己的时光。这将是怎样的一幅美好的场景。不管外面的世界多么的喧嚣，女人也一定要记得留给自己一份沉静的感觉。这份沉静应该走入我们的性格，深入我们的气质。只有这样，我们的心才能恒久地保持安宁，我们的言谈举止才能真正显露出属于自己的那份淑女范。

尽管你是一个外向开朗的女人，也不要忘记留给自己那么一片沉静的空间，我们可以默默地做一些自己想做的事情，拿起一本自己一直想读的书，给自己一些独处的空间，将种种烦恼和忧虑搁置一旁，悠然地享受这份沉静给自己带来的快乐。作为一个成熟的女人，个性张扬的年代固然美好，但已经不再适合自己，面对未来，我们更需要在人前表现出自己的沉稳和成熟。雅致的女人一定会脱下自己少女时穿的那些日式小短裙、超级热辣裤，换上象征成熟内敛的长裙，将披散在自己身后的长发悄悄盘起，用自己恬静的微笑去面对身边的每一个人，让别人感觉到她得体的举止，沉静的修为。这是作为一个成熟女人性格中最唯美的一种，当这种内心的沉静随着你的言谈举止由内而外地散发出来，那种没有芳香的芳香就会紧紧地围绕在你的左右，使你因为内心的这份沉静而拥有更优雅的气质，更恬淡幸福的人生。

　　需要一提的是，这里所说的"静"，既是指身外的安静，也是指内心的平静。"静"在生活中是真实、善良、美好的体现。所谓"宁静以致远，淡泊以明志"，沉静性格是一种超然物外的性格。在沉静的四种状态——宁静、冷静、镇静、安静中，尤以宁静为首。性格沉静的女子是一个脱俗的女子，是一个拥有大智慧的女人。

　　首先，性格沉静的女人是理性的女人。生活中我们经常看到有些女人，遇事便心慌意乱，不知该怎么办才好。而沉静的女子面对突如其来的危险和灾难虽然也有心慌意乱的时候，但她们却能让自己及时冷静下来，恢复理性的思考，以想出好的办法来从容应对。正所谓"猝然临之而不惊，无故加之而不怒"。平和的女人大都能保持沉静，从不被忙碌所萦绕，忙里悠闲，待人不严，教人勿高，宽严得宜，分

寸得体，身心自在，她常能享受生活之乐趣。

其次，沉静的女子选择安静。曾经有两位画家，分别以安静为题画一幅表达同一意境的画。一个画家画了一个湖，湖水平静得像一面镜子，还画了远山和湖边花草，让它们倒映在水里；另一个画家则画了一个飞泻的瀑布，在瀑布旁边有一棵小树，树上的鸟儿正在巢里安然睡觉。显然，后一个画家才真正理解了安静的真意，而前面那一位不过是以一潭死水来演绎安静罢了。面对飞瀑激流，依然高枕酣睡，处于惊涛骇浪之中仍能泰然处之的女人，才能拥有一个豁达而安静的人生。

生活本就清清淡淡、平平凡凡，如涓涓流水，于安静中沉思默想的女子是人生经过深思熟虑后的选择，是历尽沧桑后的返璞归真，安静也让女人的心灵更加充满宽容、博爱，也让她们有更大的心灵空间去容纳思想的自由翱翔，为生命积蓄能量。"宁静以致远"，安静中有一种寻求智慧的沉思之美，是人生大彻大悟的开端。

再次，性格沉静的女人心思细腻，做事认真，考虑周全。沉静女子同时也是一个温柔女子，她们无论在家里还是在职场中做起事情来都格外认真，也能照顾到他人的细微感受，是一个很有女人味的女人。

最后，性格沉静的女人是拥有魅力的幸福女人。没有人不喜欢这样的女子，她们静若处子，动如行云流水；她们通达世情，无论是做事还是做人总能面面俱到，又不沾染世俗的痕迹。即使同为女人也乐于和这样的女子亲近。

记得有一个记者采访一位著名演员："在喧闹的人群中，你会选择什么方式引人注意？"这位演员说："我会选择沉静地坐着。"是的，沉静地坐着，沉静地微笑，沉静地站在世界的面前，这种沉静所流露出来的自信、端庄、高贵是非常引人注意的，是很有穿透力的，它足可以让人在喧哗中停下来，多看你一眼。

女人，学会沉静才能从容应对迎面而来的种种考验。"静水流深"，沉静，会让你深不可测。你的人生还会有多重天，你要沉静下来，洞察一切，抓住机会，做好各方面的事，这样，人生才会更上一层楼，进入大智慧、大视域、大心境的境界。

沉静是女人身上的一种独特的美，无须浓妆艳抹，无需华服遮盖，这种美是从骨子里散发出来的感觉，淡淡的，甜甜的，它紧紧地围绕在女人成熟干练的行为里，渗透在她们精明而果敢的微笑中。尽管没有张扬，没有喧嚣，甚至没有语言，但这份女人内心的沉静却深深地打动着身边的每一个人。

这份沉静，是因为摔打与磨砺渐渐让一颗心变得平和。有了这份沉静，已经不是什么事都能令你愤怒或咆哮，那些背后的暗箭、他人的中伤，听到了，你会置之一笑。这时候，我们不会像少女时那样张扬，而是话语自信、笑容优雅、态度坦然、衣裳端庄，是一个温婉可亲的高贵女子的形象。这是一种独特的美，它来源于人生的涵养、经历、沧桑的沉淀，展现在人们面前，就是女人最雅致的霓裳。

Part 5 举手投入，尽显女人芬芳神韵

娇羞——女人高贵的矜持

女人的羞涩，乍一看去，似乎有胆小畏怯、不自在之感，但其实，这恰恰反映出了女人含蓄质朴、真诚贤惠的本质，表露的正是女性世界的真善美。女子的羞涩是那般美丽，宛如薄云拂过的皓月，引人遐想，美不胜收。

毫无疑问，女人害羞的一刹那，是她最美的时刻，也是她最性感、最具有吸引力的时刻，那一个害羞的眼神、一个娇羞的动作、脸上的一抹红晕，无不将女性特有的气质表露得淋漓尽致，含蓄而又娇柔，性感而又妩媚。

在任何男人眼中，女人的羞涩都是别有一番韵味的。所谓少女情怀总是诗，有时女人的羞涩就是一种爱情的信号，羞涩的女人面颊上有如桃花一现般的美，内心如同一直小鹿在乱撞，她们的情感既想澎湃又要压制，就那样矛盾着……让男人难以自持。

羞涩是女人一种高贵的矜持，她们怡静淡雅，贤淑妩媚，含蓄之中自是魅力无限。就像易安居士所说的那样——和羞走，倚门回首，却把青梅嗅。"这样清灵婉约的女子形象，从某种意义上说，最是符合男人的审美观。

羞涩，其实也正从侧面反映出了女人内心的纯美，因为质朴、因为真诚、因为善良，羞涩感才会油然而生，倘若是一个"恶向胆边生"的女人，你想她会知道羞涩吗？羞涩的女人常常是易于感动的，这缘于她们有一颗感性敏锐的心灵，她们不像世故的女人，阅尽人间百态，看破人情冷暖，对一切冷漠得毫不在乎。她们哪怕是被你不经意地看一眼，甚至都会满面红霞，她们就像敏感的害羞草，让人忍不住就想去碰碰它的叶子，欣赏它羞答答合拢的模样。

这是一种由内而外散发的美感，或许并不能直观地看出来，但你绝对可以感受的到。女人的美有很多种，但直观上的美往往会随着时间的推移而流失，需要用心去感受的羞涩之美则会随着年轮流转融入他人的心灵，成为女人身上一道永恒的风景，任时光荏苒亦不会褪色。

作为女人，我们多少要让自己带些含蓄和羞怯，这更会为自己的魅力加码。我们应该追求独立，应该活泼伶俐，但也不少丢失了女人独有的含蓄。

我们待人待事时不妨腼腆一些，去彰显出女性原汁原味的美感。让自己就像那新榨的橘子汁一般，清新，芬芳，弥散着田园的香气。这样的女子，生人初见，便觉她，丹唇未启头先低，再抬起，如雪香腮上，便风云突变，不闻雷霆乍惊，却红云朵朵暗度，如烈酒微醺，如桃花新绽，气象万千，令人叫绝。这就是女人味，是女人味中的上乘气质，含着羞涩，又是一种无法抵挡的妩媚。要知道，无论何时，一个女人若是没了妩媚，属于女性的朦胧之美便烟消云散了。

当然，面对如此娇羞的你，肯定会有很多人劝你大方一点，不要那么腼腆。是的，大方一点是应该的，但也不要大方的丢了腼腆。这就好比一枚钻戒,大方是白金戒身,而腼腆则是珠气暗藏的红宝石,没了这颗红宝石,大方便会落入俗套,徒有其表,少了真正的美感。所以我们必须懂得腼腆,这不是女人的底线,却是女人的底色。有了这份腼腆,女人身上的至纯之美才会若隐若现,当一个男人看到这样的女人时,就会像看到一朵惹人怜爱的花儿一样,想要采摘却又不忍亵玩。

所以说,女人无论何时,都别忘了让自己带有一份腼腆的娇羞。

情调,女性灵魂中最诱人之处

女人一定要有些情趣,那些有情趣的女人在男人看来定然是最可爱的,于他们而言,这样的女人就像百闻不厌的花儿一样。

女人光有漂亮的外表不够,那只是一副皮囊,情趣才是女人的精华所在,尤其是那些高雅的情趣,更是能够体现我们女人的妩媚与可爱,令我们变得万种风情、千娇百媚。有情趣的女人顾盼之中便会生辉;一言一语优雅不俗;巧笑嫣然令人流连;待人接物大方怡然……她们的一举一动、一颦一笑都如丝丝垂柳荡人心弦,又如缕缕春风清爽甜蜜,恰似朵朵百合清新脱俗,仿佛涓涓细流润人心田……她们往那一站,便是一副华美的画面,令人遐想、陶醉,令人浮想联翩,顿生倾慕之心。

我们可以看到,那些有情趣的女人胸襟多是豁达的,她们无论遇到什么打击与伤害,很少会耿耿于怀,她们乐观而又豁达,并能够将自己的这份情绪传递给身边的朋友或亲人,让他们因为拥有她而快乐。

她们又是善解人意的,她们知道用女人特有的细腻来解读男人的心,她们不会太过骄横,不会干涉属于男人的自由空间,她们只会用自己的情趣令男人着迷,以自己的心系着男人的心,不让他们脱离正常的轨迹。

她们还是懂的装傻的,虽然看起来憨憨的、笨笨的,其实内心里比谁都透亮,小脑袋比谁都聪明。只不过,很多时候她故意愿意做个傻女人,因为她们知道男人惧怕女人的精明。她们甚至还会试着去接触男人的情趣、爱好,并下意识地去迎合男人的爱好,因为她们希望和自己的男人一起分享快乐。

有情趣的女人不会把名利看得太重,她们总是云淡风轻的,始终会保持一份优雅的淡定。无论两个人的世界发生了什么事,她们总是会平心静气地与男人沟通,绝不会喋喋不休,甚至一哭二闹三上吊,她们不愿意给丈夫一丝一毫的心理压力,她会用自己特有的情趣去活跃彼此间紧张的气氛,会及时消除彼此间的不快和误解,让两个人的生活永不失色。

有情趣的女人大多都是贤内助,她们常常会将家收拾的井井有条、纤尘不染。当男人劳累一天回到家中时,她们会立刻端上一杯热茶,送上一句甜蜜的问候,给他一个深情的吻……她们会不断翻新餐桌上的菜式,为的就是让男人吃得舒心而又温馨……假如说一个家庭中有

一个有情趣的女人，那么你会发现，这个家永远飘荡着一种让人心神荡漾、百闻不厌的馨香，那是只有情趣女人才能酿出的馨香，那就是情趣女人的情趣所在，因为她们是在用心经营自己、经营自己的家，这会让她心爱的男人永远留恋有她的那个温馨小窝。

所以我们说，女人的美很大一部分就来自于她的情调，情调是女人与生俱来的妩媚，是女性灵魂中最诱人的部分，这样的女人，其内心保持着柔软的不可触摸的柔情，保存着善良而宽容的心，她们时而风情万种，时而不胜娇羞，时而天真可爱，时而风趣盎然，她们浑身散发无一处不散发着摄人心魂的女人味。

那么你是不是一个有情趣的女人，倘若还差那么一点点，那么别放弃、快努力，争取早日成为一个有情趣的女人，因为一个有情趣的女人，一定是美丽的，一定在爱着、且被爱着的，假如你能够成为一个有情趣的女人，你将会变得更加与众不同……

神秘，就是一种强大的吸引力

世人都有这样一个共性：越是面对神秘的事物，越是充满了期待，总是欲一睹真容而后快。所以，那些聪明的女人往往会刻意为自己制造一些神秘感，让人产生一种"雾中花"、"水中月"的感觉，从而激起人们对于自己的关注度。

静茹是公司的新人,来报到的第一天,她就让所有人眼前一亮。只见她,手挎今夏最新款的"LV",颈戴一条璀璨的白金钻链,衣装简洁而高雅,雪白立领衫搭配黑色过膝长裙,明眼人一看就知道是"依妙"的服装。

同事们私下悄悄议论:"看她这身行头,一定是上流社会的千金小姐。"大家不断地猜测着,但静茹却从不说什么。每次她给家里打电话,总是带着一副恭敬谨慎的神情,这让同事们更加感觉她的家世非同一般。不久,就有传言说,静茹是省城某位领导家的"大小姐"。

事实上,静茹的父母都是普通百姓,因为单位效益不好,早在几年前就已经退休了。但她的神情总是那样从容闲适,言谈举止温文有礼。虽然当初她只是借用表姐的仿版"LV"和白金钻链,但却引起了每个人的好奇心:"她真是一个高深莫测的女人!"

尽管静茹从未编造过关于自己身世背景的谎言,对于同事的猜测和议论亦是听之任之,但不置可否,她的确成功地塑造了引人遐想的"神秘感",将所有人的注意力都凝聚在了自己身上,让他们对自己抱有极大的兴趣,想要挖掘出她的秘密。

静茹做得很成功。她的业绩出人意料的好,她轻而易举就能拉来许多客户。以些大客户甚至还会专程来到公司,邀请静茹品茗聊天,但她轻易是不会答应的。大部分时间,她都喜欢独自赏画、听古典音乐或阅读世界名著,气定神闲的模样,使她看上去就是那么的与众不同。

中国有句俗语:"外来的和尚会念经"。难道说,外来的和尚其修为就一定胜过本地和尚吗？这不尽然。外来的和尚之所以受人推崇，关键就在于"外来"二字，因为是"外来"所以"神秘"，因为"神秘"所以受人待见。一如上文中的静茹，难道她的能力就比所有同事强吗？未必。她的成功，就在于她抓住了人们的好奇心理，巧妙地为自己笼罩了一层朦胧感，让大家对她从满了期待。

也许你会认为，静茹是在故弄玄虚，大耍心计，但你必须承认，她的这番"心计"确实使自己受益匪浅。她抬高了自己的身价，令公司上下乃至客户，都对她刮目相看，所以她在职场上走得顺风顺水。

其实，只要你细心观察就会发现，那些名人、尤其是女明星在接受媒体采访时，大多不会将自己的想法、意见和盘托出，而是有所保留，让人捉摸不透。于是，人们便开始不自觉地去揣测：她是那样神秘，真是一个高深莫测的女人啊！其实，这一点在恋爱中也有所体现。

在王燕看来，"正经女孩"是不会轻易与男士交往的，除非她真心爱这个人。她认为，男女交往时，女方在言谈举止上，必须时刻保持典雅、温柔的风范，只要与对方建立了亲密的关系，就必须倾心以对，必须至死不渝地追随对方。对她而言，同时与两个以上的男孩交往，简直就是"水性杨花"，不可忍，更不可做。

受这种与时代发展完全相悖的传统观念影响，王燕只要喜欢上某一男士，就会在很短的时间内将自己的情感完全交付出去。为了男友，她可以做任何事。例如：她会将自己的情感经历、家庭背景、兴趣爱好等等，一无保留地告知对方；她会亲自为对方下厨；她会不时买一些礼品送给对方；她会主动邀请对方看演唱会、喝咖啡、吃必胜客等等。总而言之，她对男友可谓是尽心尽力、毫无保留。

然而，那些与王燕交往过的男孩，虽然刚开始时都觉得王燕是个好女孩，都愿意与她有进一步的发展。但约会几次以后，他们便会觉得王燕太过简单，又似乎比自己还要迫不及待。由此，他们便开始兴趣索然了，一个个都对王燕唯恐避之而不及。这让王燕很伤心，她不明白，为什么自己如此坦诚相对，却得不到对方的回报呢？

王燕的失败就在于她太"坦诚"了！在心理学中，有这样一种升值规律：越是得不到的东西，越是让人朝思暮想，这种现象在异性情恋方面尤甚。所以，如果王燕能在与对方交往时，"矜持"一点，让对方去揣摩自己、猜测自己，刺激对方的兴趣，相信结果一定会大不相同。

我们若想提高自己的关注度，提高自己的身价，不妨也来效仿此举，做一个神秘的女人，不但要"千呼万唤始出来"，还要"犹抱琵琶半遮面"，让别人主动燃起接近你、探知你的欲望。

微微一笑，很倾城

大家应该早就发现，当我们心情不好时，看部喜剧电影大笑一场，沮丧的心情就会平复许多，民间也有句俗语"笑一笑，十年少"，一个女人如果能笑口常开，那么她将变得更健康更美丽。而当我们用微笑

Part 5 举手投入，尽显女人芬芳神韵

去欢迎每一个接触到的人时，那么，你会很容易地成为一个非常甜美的女人。

笑，它不花费什么，但却创造了许多奇迹。

有人做了一个有趣的实验，以证明微笑的魅力。

两个模特儿分别戴上一模一样的面具，上面没有任何表情，然后问观众最喜欢哪一个人，答案几乎一样：一个也不喜欢。因为那两个面具都没有表情，他们无从选择。

然后再要求两个人把面具拿开，舞台上出现了两种不同的个性，两张不同的脸，其中一个人把手盘在胸前，愁眉不展并且一句话也不说，另一个人则面带微笑。

再问观众："现在，你们对哪一个人最有兴趣？"答案也是一样：他们选择了那个面带微笑的人。

这充分说明了微笑受欢迎，微笑能拉近与生人的距离。有了微笑，办事就有了良好的开头。微笑永远不会使人失望，它只会使人受欢迎。不会微笑的人在办事中将处处感到艰难，这就是生活中真实的写照。微笑能解决问题，这是一个真理，任何办事有经验的人都会明白这一点。用微笑把自己推销出去，无疑是人生成功的法宝。

联合航空公司宣称，他们的天空是一个友善的天空，微笑的天空。的确如此，他们的微笑不仅仅在天上，在地面便已开始了。

有一位叫珍妮的小姐去参加联合航空公司的招聘，她没有关系，也没有熟人，也没有先去打点，完全是凭着自己的本领去争取。她被聘用了，你知道原因是什么吗？那就是因为她脸上总带着微笑。

令珍妮惊讶的是，面试的时候，主考官在讲话时总是故意把身体转过去背着她。你不要误会这位主考官不懂礼貌，而是他在体会珍妮的微笑，感觉珍妮的微笑，因为珍妮应征的工作是通过电话工作的，是有关预约、取消、更换或确定飞机班次的事务。

那位主考官微笑着对珍妮说："小姐，你被录取了，你最大的资本是你脸上的微笑，你要在将来的工作中充分运用它，让每一位顾客都能从电话中体会出你的微笑。"

其实归根结底，能不能微笑地面对一切，仍旧是个态度问题。只要你能从内心深处端正自己的态度，养成乐观豁达的性格，你脸上的笑容自然不请自来。有了这样的笑容，说起话来，自然就会产生令人难以拒绝的甜美魅力。

微笑是一种修养，并且是一种很重要的修养，微笑的实质是亲切，是鼓励，是温馨。真正懂得微笑的女人，总是容易获得比别人更多的机会，总是容易取得成功。

Part 6
谈吐不凡，呵出女人如兰气息

优雅的声音娓娓道来，宛如天籁一般飘进耳朵，感动心灵，令人心驰神往。无论何时何地，优雅的谈吐都是女人气质、修养乃至魅力的体现，这样的女人朱唇轻启，便是呵气如兰，她们就像磁场一样，不动声色地吸引着别人。

会说话的女人才叫情商高

这是一个讲究人际沟通的时代,这是一个靠口才赢得人脉的时代。在当今社会中,事业的成功离不开口才,人脉的兴旺同样需要好口才。会说话,你就能赢得人脉,赢得好人缘。

有一次,余小姐和几位同事一起去省里参加业务考试,当她走进考场时,猛然发现自己的桌子上有三个大钉子,且冒出很高。要知道,这不仅会刮破衣服,而且也会影响答题的速度。余小姐一脸怒气地要求监考老师换桌子,可监考老师却说:"现在不能换,别违反考场纪律!"余小姐气得柳眉倒竖,连说,"真倒霉,不考了。"

这时,一位同事出来打圆场:"有几个钉子算什么!"

余小姐:"你说得轻松,这可是三个钉子,躲都躲不过去呢!"

同事说:"你太幸运了,我还求之不得呢!"

余小姐:"别拿我开心了,这么倒霉的事让你碰上,你还能说幸运?"

同事道"你知道这三颗钉子意味什么吗?这叫板上钉钉!说明你今天的三科考试铁定都能过关!"

Part 6 谈吐不凡，呵出女人如兰气息

余小姐听后马上转怒为喜："借你的吉言，今天要是三科都过了，我请你吃麦当劳。"

结果，一个月后公布成绩，余小姐果然三科都顺利过关。

这位同事真是个会说话的人，她巧妙地把人们常说的"板上钉钉"与三科考试联系在一起，这样一来不仅平息了余小姐的怒气，还给了她积极的联想，使她在愉快的心境下参加考试并顺利通过。试想一下，假如你是余小姐，你会不喜欢这位同事吗？这样会说话、会用巧妙的语言宽慰、鼓励他人的人，不论走到哪里都会受到别人的欢迎。

人与人之间进行思想交流和感情交流，最直接、最方便的途径就是语言。通过出色的语言表达，可以使相互熟知的人感情更深，可以使陌生的人产生好感、发展友谊；可以使有分歧的人相互理解、化解矛盾；也可以使相互仇视的人化干戈为玉帛。

刘复才曾为江夏县知事，他为人极为敏捷，常常在两方争执不下之际，用一两句话就为双方打了圆场。都督张之洞和抚军谭继洵平时意见就不太一致。这天，刘复才设宴，二公及其他客人都在座。酒过三巡，诸位都有了几许醉意。忽然，一位客人不知怎么谈到了武汉江面有多宽的问题。谭继洵说有五里三分宽，他的话音未落，张之洞就说道："不对！我记得确实是七里三分宽。"

两人顿时争执起来，互不相让，在座的诸位客人纷纷劝说，但亦无济于事。大家一下子都不知道说什么好，只好任由他俩去争执。

刘复才坐在末座，看见席间这番争执，感到不好继续任其发展下去，以免搞得个不欢而散的局面。他急中生智，徐徐举起手来，说道：

"江面水涨,则宽七里三分;水落,则五里三分宽了。张公是就水涨时说的,谭公则是就水落时说的,两位先生说得都没有错。"

张之洞和谭继洵听到这话,顿时哈哈大笑起来,席间顿时恢复了原有的轻松气氛。

旁座的客人也为刘复才的片语解围的机敏而折服。

试想,在生活中,这种能说会道的"和事佬",能不受欢迎、能没有好人缘吗?

我们每一个人都想成为受欢迎的人,没有一个人会因惹人讨厌而引以为傲。我们知道,如果一个人爱揭人隐私,爱争辩,爱使别人为难,爱自吹自擂,那么他很可能得不到别人的欢迎和喜爱。只要他一出场,人们自然就会退避三舍。

良好的谈吐,能使许多素不相识的人携起手来,成为朋友;能为人们排除隔阂,消除彼此间的疑虑和误会;能够安慰愁苦烦闷的心灵,使其勇敢地面对现实;能够鼓励悲观厌世者,使其微笑着迎接生活。会说话的人,言谈风趣幽默,旁征博引,滔滔不绝,谁听了都会觉得舒服。所以说,要想拥有好人缘,你首先就要锤炼自己的口才。

Part 6 谈吐不凡，呵出女人如兰气息

友善亲和，言语悦耳如歌

女人应该有属于自己的说话风格。这种风格要根据自己的特质，彰显自己的个性，并且最大限度地发挥它。开朗的女性会用干练的语言树立形象；温柔的女性能用文静的低语打动他人心扉；博学的女性使用智慧的话语彰显气质……所有这些，都是女人具有自身性格特点的说话风格。

而无论是哪种风格，都要用友善的态度，有首歌唱得好：只要人人都献出一点爱，世界将变成美好的人间。

温和、友善的态度对于改变一个人的心念，往往比咆哮和猛烈的攻击更为奏效。因为在友善的交谈中，你可以发现，任何事情都没有想象的那么难以应付。

有时候，一些难以应付的人或事，会在友善的话语中变得温和起来。

不管在哪一种情况下，创造与保持友善信任的说话氛围都会易于交流思想，对事物的看法就易于达成一致，行为也容易协调。比如，如果先肯定优点，再谈出现的问题，就有利于减少对方的抵触与反感了。进而使其感受到你的善意，气氛和谐，从而便于冷静地接受你的

意见。

温和、友善的态度更能让人改变心意。亲和的态度，容易消减人与人之间的隔膜。

玛丽·凯公司是一家知名的化妆品公司。为了扩大自己公司产品的影响，玛丽·凯女士自己用的化妆品都是自己公司生产的。她也不建议公司职员使用其他公司的化妆品。因为她不能理解凯迪拉克轿车的推销员开着福特轿车四处游说、人寿保险公司的经理自己不参加保险。那么，她是怎样同职员交流这一想法的呢？

有一次，她发现一位经理正在使用另外一家公司生产的粉盒及唇膏，她借机走到那位经理桌旁，微笑地说道："上帝，你在干吗？你不会是在公司里使用其他公司的产品吧？"她的口气十分轻松，脸上洋溢着微笑。那位经理的脸微微地红了。几天后，玛丽·凯送给那位经理一套公司的口红和眼影膏并对她说："如果在使用过程中觉得有什么不适，欢迎你及时地告诉我。先谢谢你了。"再后来，公司所有的新老员工都有了一整套本公司生产的适合自己的化妆品和护肤品。玛丽·凯女士亲自做了详细的示范。她还告诉员工，以后员工在购买公司的化妆品时可以打折。

玛丽·凯亲和的态度，友善的口语表达，使她自然地与员工打成一片，成功地灌输了她正确的经营理念。

就是这样，友善和亲和是人们说话时一种最有效的态度。这种方式的优点在于易于消减人与人之间的隔膜，进而使传达者有效地把自己的思想传递给被传达者。

我们可以把友善比作盛装佳肴的器具，而把我们所要表达给别人的思想比作佳肴。如果这器具是脏兮兮且令人讨厌的，恐怕也不会有人愿意品尝盛在其中的佳肴。

以和为贵，尽显女人温润本色

一个女人的处世交际能力的水平完全可以从她的谈话中体现出来。一个善于交际的女人在一般交谈的场合，应该避免和别人争论，口气一定不能过于激进。因为交谈的主要目的是促进彼此的了解，增进双方的友谊，是一种社交性的活动，一争论起来就很容易伤感情，还有可能伤了别人的自尊。

尤其是作为女人，为了一些不痛不痒的小问题，就与人争得面红耳赤，说了他人不爱听的话等于白费口舌，自讨没趣，再一不小心伤了他人的自尊，那麻烦就更大了。而且在公众场合与人争论不休，毕竟是一件有失大雅的事情。

争吵并不是解决问题的唯一办法，许多时候的争吵往往都是源于小事，然而正是因为这些小事却造成了许多无法挽回的错误。

当然，争吵也是沟通的一种方式，尤其是在职场上，往往好的建议与正确的决定就是在争吵、辩论中得到的，但关键是看女性们如何对待这样的争吵和辩论的态度和心态了。

除了为了工作而争吵以外，在工作过程中与同事接触时，女性也应该注意自己的言行，能忍则忍，时刻记住：吃亏就是占便宜，不能因为逞一时的口舌之快而损毁了你在同事和领导心中的形象。要知道，此时的忍让并不会让人觉得你软弱、好欺负，大家反而会觉得你这个人有涵养、大度，不斤斤计较，无形中也提高了你的人气。

拿吵架当回事的女人会很有体会——吵架真的很伤感情，它甚至还会让人气得脸色发白、血压升高，甚至吃不下饭、心浮气躁、劳神伤身。

慢慢你就会发现，许多争吵都是无意义的，和睦、和谐才是幸福的。多用一些客气的口头用语，相信在很多情况下都会出现一个巴掌拍不响的局面。总之，架还是少吵为妙，毕竟人在气头上，难免会做一些不智的举动，说一些伤人的话。

尽管雨过天晴后看似一片蓝天，其实彼此的伤害仍然在心中久久无法抹去。所以，能忍则忍，伤人的话能不说就不说，和朋友、同事在一起应该以"和"为贵，以"退一步海阔天空"为行动准则，毕竟大家低头不见抬头见，倘若吵得不可开交日后是很难相处的。

那么，要做到既不必随声附和他人的意见，又避免和别人争论，究竟有没有两全的办法呢？

答案是肯定的。

（1）尽量了解别人的观点。在很多场合，争论的发生多半由于大家只看重自己这方面的理由，而对别人的看法没有好好地去研究、去了解。假如我们能够从对方的立脚点去看事情，尝试着去了解对方的观点，认识到为什么他会这样说、这样想。这样，一方面使我们自己

Part 6 谈吐不凡，呵出女人如兰气息

看事情的时候会比较全面，另一方面也可以看到对方的看法也有他的理由。即使你仍然不同意他的看法，但也不至于完全抹杀他的理由，那么自己的态度就可以比较客观一点，自己的主张就可以公允一点，发生争论的可能性就比较少了。

同时，假如你能把握住对方的观点，并用它来说明你的意见，那么，对方就容易接受得多，而你对其观点的批评也会中肯得多。而且，他一旦知道你肯细心地体会他的真意，他对你的印象就会比较好，他也会尝试着去了解你的看法。

（2）对方的言论，你所同意的部分，尽量先加以肯定，并且向对方明确地表示出来。一般人常犯的错误就是过分强调双方观点的差异，而忽视了可以相通之处。所以，我们常常看到双方为了一个枝节上的小差别争论得非常激烈，好像彼此的主张没有丝毫相同之处似的，这实在是一件不智之举，不但浪费许多不必要的精力与时间，而且使双方的观点更难沟通，更难得到一致的或相近的结论。

解决的办法是，先强调双方观点相同或近似的地方，在此基础上，再进一步去求同存异。我们的目的是在交谈中使双方的观点更接近，双方的了解更深。

即使你所同意的仅是对方言论中的一部分或一小部分，只要你肯坦诚地指出，也会因此营造比较融洽的交谈气氛，而这种气氛，是能够帮助交谈发展，增进双方的了解的。

（3）双方发生意见分歧时，你要尽量保持冷静。一般，争论多半是双方共同引起的，你一言我一语，互相刺激，互相影响，结果就火气越来越大，情感激动，头脑也不清醒了。如果有一方能够始终保持清醒的头脑和平静的情绪,那么,就不至于争吵起来。

但也有的时候,你会遇见一些非常喜欢跟别人争论的人,尤其是他们横蛮的态度和无理的言辞常常使一个脾气很好的人都会失去忍耐。在这种时候,你仍然能够不慌不忙,不急不躁,不气不恼的,将会使你可以跟那些最不容易合作的人好好地进行有益的交谈。

(4)永远准备承认自己的错误。坚持错误是容易引起争论的原因之一。只要有一方在发现自己的错误时,立即加以承认,那么,任何争论都容易解决,而大家在一起互相讨论,也将是一桩非常令人愉快的事情。在我们谈话的时候,我们不能对别人要求太高,但是不妨以身作则,发现自己有错误的时候,就立刻爽快地加以承认。这种行为,这种风度,不但给予别人很好的印象,而且还会把谈话与讨论推进一大步,使双方在一种愉快的心情中交换意见与研究问题。

(5)不要直接指出别人的错误。老一辈的人常常规劝我们不要指出别人的错误,说这样做会得罪人,是非常不智的。然而,如果在讨论问题的时候,不去把别人的错误指出来,岂不是使交谈变成一种虚伪做作的行为了吗?那么,意见的讨论,思想的交流,岂不是都成为根本没有必要的行为了吗?

交谈的艺术,可有几种,第一种是有隽永之味,第二种是有甜蜜之味,第三种是有辛辣之味,第四种是有爽脆之味,第五种是有新奇之味,第六种是有苦涩之味,第七种是有寒酸之味,而最坏的则是第八种,有创痛之味。言谈之中,令人回味,对方自然而然产生隽永的反应;热情洋溢,句句打入心坎,对方就会产生甜蜜的反应;激昂慷慨,言人所不敢言,对方就会产生辛辣的反应;知无不言,言无不尽,

Part 6 谈吐不凡，呵出女人如兰气息

对方就会不由产生爽脆的反应；好无事生非之言，对方会产生新奇的反应；陈义晦塞，言辞拙讷，对方会产生苦涩的反应；一味诉苦，到处乞怜，对方会产生寒酸的反应；豪放利箭，伤人为快，伤人越深，越以为快，对方会产生创痛的反应。能得隽永反应者为上，能得甜蜜反应者为次，能得爽脆反应者又次，能得辛辣反应者再次，得到新奇的反应、苦涩的反应、寒酸的反应的话都是下等，而得到创痛反应的话，就更是大反人情了。

但是说尖刻话的人，未尝不自知其伤人，而乃以伤人为快，这是什么道理呢？这完全是心理的病态，而心理之所以有这样的病态，也自有其根源，是后天性的，不是先天性的。换句话说，这是环境逼他走入了歧途。

假如你的身上有这样的毛病，你一定要明白它的危险，加以改正，结果必是众叛亲离，不要说在社会上，只有失败不会成功，即使在家庭，亲如父兄妻子，也无法水乳交融。不过父兄妻子，关系太密切，即使无法容忍，仍会宽容以待，社会上的人，就绝不会对你这么宽厚。必以眼还眼，以牙还牙，总有一天，你会成为大众的箭靶子。因此，说话尖刻，足以伤人情，伤人情的最终结果，却是伤了自己。

作为女人，说话时要尽量心态平和，态度温和，不要因你一句无心之失而让朋友离你远去。

一个眼神就把心里话放射出来

在人类的面部表情中，最传神、最微妙、最动人、最有魅力的莫过于眼神。人们常说，眼睛是心灵的窗户。在人类的肢体语言当中，眼神最能表达情感、沟通心灵。

千变万化的眼神，能够表露出人们丰富多彩的内心世界。因此，在与人交谈时，要善于同别人进行目光接触和交流。这不仅是一种礼貌，还有助于谈话的持续不断和顺畅进行。

眼睛具有反映人的深层心理的特殊功能。专家研究表明，眼神实际上是指瞳孔的变化行为。瞳孔受中枢神经的控制，如实地反映大脑正在进行的一切活动。当瞳孔放大时，传达的是诸如爱、喜欢、兴奋、愉快等的正面信息；当瞳孔缩小时，传达的则是诸如消沉、戒备、厌烦、愤怒等的负面信息。眼睛能够显示出人的喜怒哀乐、爱憎好恶等思想情绪的存在和变化。也就是说，眼神和谈话之间有一种同步效应，眼神总是忠实地反映出说话的真正含义。

在交谈中，"目光语"的运用是一种重要的礼仪行为。目光，主要用来表示对对方的亲切友好和关注的态度，并营造出良好的交谈气氛。通常，人们会根据交谈双方关系的不同，来区别凝视的部位、角度的

不同以及时间的长短。

首先说凝视的部位。

（1）亲密凝视，眼神通常集中在对方眼睛和胸部以上这个三角区域，这往往是亲人或恋人之间使用的一种凝视行为。

（2）公务凝视，眼神的焦点落于对方两眼和额头中部之间的三角区域，这通常是为公事打交道的凝视行为。

（3）社交凝视，眼睛看着对方脸上的两眼到嘴唇之间的三角区域，这是人们在社交场合所运用的一种凝视行为，这种凝视行为能够营造出一种"社交气氛"。

再来说一说注视角度的问题。

注视的角度能够反映出你对人的态度，因此不可轻视这个问题。在公共场合与人交谈时，应该采用正视、平视、仰视、环视（有多人在场时），而不应该采用斜视、扫视、俯视甚至"无视"。仰视能够表示崇拜和尊敬之意；正视、平视、环视则能够体现出公平、平等和自信；而俯视虽然也包含有爱护、宽容的意思，但用错对方，就会让人产生轻视、傲慢的感觉；而扫视、斜视、漠视和无视都是严重的不礼貌的行为。

接着来说一说注视时间长短的问题。

在跟人打交道的时候，注视对方的时间很短或基本不看对方，不管你的主观动机如何，都会让对方产生一种被轻视、被冷落的感觉，从而引起对方的反感。这些人往往不懂得眼神在交流中的重要作用，往往不是低着头看地板或盯着对方的脚，就是"顾左右而言他"。其实，这样会严重地影响交流。因为，在谈话中，不愿进行目光接触的人，往往会给人一种企图掩饰或隐藏着什么的感觉；目光接触时间很短、眼神闪烁不定的人，会让人觉得他精神不稳定或性格不诚实；而几乎不看对方的人，则会被认为是怯懦和缺乏自信心的人。

当然，在交谈时，也不应该走向另一个极端，那就是长时间地盯着对方。英国人体语言学家莫里斯说："眼对眼的凝视只发生于强烈的爱或恨之时，因为大多数人在一般场合中都不习惯于被人直视。"长时间地凝视有一种蔑视和威慑的作用，有经验的警察、法官常常利用这种手段来迫使罪犯招供。因此，在一般社交场合不宜使用长时间注视。同时，长时间地注视，特别是对异性目不转睛地注视，还有对初识者反复的上下打量，也都是很不礼貌的行为。

在人际交往中，注视时间的长短，往往取决于双方关系的亲疏和你对对方重视的程度。

在和熟人、故交或比较重视的对象交谈时，注视对方的时间要长一点。而陌生人的交谈中，不应该直视对方，而应首先平视对方一眼，然后自然地转视他人或四周，避免形成相互对视；而在平视对方时，以散点柔视为佳，目光要柔和、亲切、坦诚、真挚，不要以探询的目光逼视对方，也不能使用那种"一眼看穿"式的眼神，还应同时报以微笑、点头、问候或握手，以迅速地拉近彼此之间的距离。

在这一过程中，眼神不要保持"始终如一"。

自始至终地保持同一种眼神，即使是亲切的目光，也会让人感觉做作和虚伪。真诚地与人交谈时，眼神会自然地产生变化：见面握手、问候时，目光亲切、热情；与人交谈时，要把握好目光接触的分寸；询问对方的身体及家庭情况时，目光中会充满关切；征求对方的意见时，应采用期待的目光；当对方表示赞同、支持、合作时，目光自然转向喜悦；对方带来意外的好消息时，应当报以惊喜的目光；对方侃侃而谈时，你应始终投以关注的目光，即使对对方的谈话内容不太了解或不感兴趣，因为这是礼仪规范最起码的要求；当对方发表了启发性的真知灼见时，要会意地递去赞赏的目光；如果谈话中需要打断对方谈话插话时，要首先报以歉意的目光；起身送客时，也要用关照的目光"目送"对方。

在交流中，一个人的眼神，往往会影响对方对你的第一印象。一个人目光炯炯，会给人留下身体健康、精力旺盛的印象；而目光迟滞的人，留给人的印象是衰老、虚弱。一个人目光如炬，会让人觉得他有远见卓识；而目光如豆的人，会让人觉得他见识短浅、能力低下。一个人目光清朗，让人觉得他坦诚、正直；而目光闪烁的人，则会让人觉得他心虚、神秘。

在人际交往领域，目光和眼神的作用非凡。在与人交谈时，善于最大限度地运用眼神和目光的表现力，不但能够显示出个人的礼仪和修养，还能促进双方的交流和进一步的交往。

在交流中，如果你想给对方留下较为深刻的印象，那么，你凝视对方的目光就要长久一些，以此表现出你的自信。如果你想在和对方的争辩中获胜，那么，注意不要使用闪烁的目光，不要轻易地把目光移开，这样能够表示出你的坚定。如果你和别人碰面，面对别人的眼光觉得不自在，你就应该把目光移开，减少不快的感觉。如果在你和对方谈话的时候，他表现得漫不经心，还会出现闭眼的姿势，你应该知趣地暂停交谈；即使你还需要进行进一步的沟通，也要随机应变。

如果你想和别人建立良好的默契，应该用说话 60%～70% 的时间来注视对方，并且选择注视对方的两眼和嘴之间的三角区域，这样信息的传递，才会被正确而有效地理解。如果你想在和陌生人的交往中获得成功，那就应该采用温和、期待的目光，面带浅笑，不卑不亢。

在人际交往中，目光接触和眼神交流发挥着信息传递的重要作用。在与人交谈的时候，我们一定要善于利用这一重要的肢体语言，达到交谈的最终目的。

举手投足，都是一种言语表达

手，是人身体上最灵活的部位，借助手势，我们可以表达自己内心的情感和想法，而这些，倘若换成语言表达，或许就没有那么好的效果。因此可以说，有时手甚至比嘴更会说话。在与人沟通的过程中，手势的合理运用，会让你的话语更具感染力和说服力，所以请一定要注意自己的手势，因为它就是我们的第二张脸。

手势是人们在交往或谈话过程中用来传递信息的各种手势动作。手势是人类最早使用的、至今仍被广泛运用的一种交际工具。在长期的社会实践过程中，手势被赋予了种种特定的含义，具有丰富的表现力，成为人类表情达意的最有力的手段，在肢体语言中占有最

重要的地位。手势的"词汇量"在肢体语言当中相当丰富，是人与人之间交往中的第二张面孔。在交谈的过程中，如果能够恰当地使用手势，就能帮助你更好地和他人进行沟通，使你的谈吐更有魅力、更加动人。

通常，手势的表意功能可分为情绪性手势、指示性手势、模拟性手势、象征性手势和礼仪性手势五种类型。

（1）情绪性手势

情绪性手势是伴随着说话人的情绪起伏而发出的，常常用来表达或强调说话人的某种思想感情、情绪、意向或态度。比如说，高兴时拍手称快，悲痛时捶打胸膛，愤怒时挥舞拳头，悔恨时敲打前额，犹豫时抚摸鼻子，着急时双手相搓。一般来说，用手摸后脑勺则表示尴尬、为难或不好意思，双手叉腰表示挑战、示威或自豪，双手摊开表示真诚、坦然或无可奈何，扬起巴掌猛力往下砍或往外推，表示坚决果断的态度、决心或强调某一说词。情绪性手势是说话人内在情感和态度的自然流露，往往和表露出来的情绪紧密结合，鲜明突出，生动具体，往往能给听者留下深刻的印象。

（2）指示性手势

指示性手势是用来指示具体对象的手势动作。比如，用手指指自己的胸口，表示谈论的是自己或跟自己有关的事情；伸出一只手指向某一座位，是示意对方在该处就座。指示手势还可以用来指点对方、他人、某一事物或方向，还可以表示数目、指示谈论中的某一话题或观点等。指示性手势可以增强谈话内容的明确性和真切性，便于及时掌握听者的注意力。

(3) 模拟性手势

模拟性手势是指比画事物形象特征的手势动作。如抬起手臂比画一个人的高矮，伸出拇指、食指构成一个圆圈比画鸡蛋的大小，抡起胳膊侧身往后模仿骑马，等等。模拟性手势在一定程度上能使听者如见其人，如临其境，由于它往往还带有一点夸张的意味，因而极富感染力。

(4) 象征性手势

象征性手势是表示抽象意念的一类手势动作。这种手势往往具有特定的内涵，使用十分普遍。第二次世界大战期间，英国首相丘吉尔推广的一种象征胜利的"V"型手势（伸出右手的食指和中指构成"V"字形状，余指屈拢），19世纪初风行于美国而后在欧洲被普遍采用的表示良好、顺利、赞赏等意思的"OK"手势（大拇指与食指构成一个圆圈，其他三指伸直张开），就是属于此类。在我国，举起握成拳头的右手宣誓表示庄严、忠诚和坚定；少先队员们将右手举过头顶象征人民的利益高于一切；跷起大拇指表示称赞、夸奖；跷起小指表示贬斥、蔑视。象征性手势能给谈话制造特定的气氛和情境，从而加强语言的表达效果。

(5) 礼仪性手势

礼仪性手势是指在社交中用于致意、表示礼貌的手势动作。比如说，双方见面握手致意，表示礼貌热情；携手并肩表示亲切友好；挥手相送表示依依惜别；鼓掌致意表示欢迎、赞扬与支持等等。礼仪性手势是社交中不可缺少的交际工具。需要指出的是，前面四种手势的划分并不是绝对的，有时，一个手势可以包含几种意义。比如说到要

去"拥抱明天,拥抱未来"可能会激动地撒开双手向前伸出,这既是一种情绪的自然流露,又带有指示或象征意味。

手势的运用场合很多,在日常生活中,手势包括扬手、拱手、招手、摆手、摇手、伸出手臂或手指等动作。不管是哪一种手势动作,都要做到有感而发,准确、自然、优雅而不生硬,还要从实际出发,使动作恰当而简明地说明问题,表达感情。运用手势时还应与人的眼神、面部表情相结合,才能恰如其分地表达手势的意思。

当使用必要的手势辅助语言表达时,应该遵循以下原则:简洁明确,不滥用手势,让人辨别不清你的手势含义;幅度适度,手势使用要自然,通常以小幅度为宜,如果手势幅度过大、使用频率过多,会显得浮躁张扬,不够稳重;自然得体,不要刻意设计模仿,否则有可能虚假失真;和谐统一,使手势动作与自己的谈话表情要和谐一致,有助于思想意识的正确表达。

现实生活中,很多人在运用手势时存在着不少不良习惯,比如说,兴奋时的手势显得忘乎所以;遇到为难的事或着急的事,就当众抓耳挠腮;与别人谈话时,边讲边挠痒、搔头皮;在人多的场合,指手画脚、拉拉扯扯;说话时,反复使用一种手势,令人感到单调乏味。有一定文化修养、风度高雅的人,在人际交流场合应当十分注意手势的运用。与人交谈时,要留心控制自己的双手,不随便乱动,以保持文雅的风度。

手势对演讲的效果也有很大的影响。由于手势具有具体、鲜明、形象、动作幅度较大的特点,所以在辅助表情达意、增强演讲的吸引力等方面,具有特殊的功能。潇洒的手势,最主要的特征是协调、适度,给人以美感。然而许多的演讲者并不重视手势的运用:有人在演讲时表现得十分机械,要么两手直立下垂,要么双手按在讲台上,缺乏必要而合适的手势动作;有的人虽然使用了手势,但并不潇洒,也没什么变化,只是机械地比画几下,或一直重复一个习惯动作;有的人在演讲时动作过多,令人眼花缭乱,手势非常夸张,让人感到滑稽、别扭,殊不知,不规范、缺乏审美感的手势,不但对演讲起不到积极的作用,反而会分散听众的注意力、甚至使听众厌烦。

总之,在交谈时恰当地使用手势,能够增强语言表达效果和感染力,增加谈吐的魅力。要想成为一个拥有良好的谈吐的人,必须重视手势的特殊作用,积极规范自己的手势动作。

赞美是最划算的魅力投资

懂得赞美的女人总是给人一种甜甜的感觉,赞美,这既是一种很绝妙、很实用的说话技巧,也是增进人们之间情感的重要桥梁,甜美的女人总是能够将赞语常常挂在嘴边,于是她们的身边几乎不会有敌人出现。

萌萌就是这样一个嘴甜如蜜的女孩子,不仅深得单位同事和家中长辈的喜欢,也把家中的他"蜜"得五迷三道儿的,不知不觉中就把

Part 6 谈吐不凡，呵出女人如兰气息

家中杂事全部包揽了，同事们都很羡慕萌萌找了个好老公，纷纷问她有什么诀窍能让老公如此心甘情愿地就把家务活给干了，而萌萌的回答很出乎大家意料，她告诉大家自己并没有什么复杂的技巧，就凭一张"蜜"嘴就把老公哄得开开心心地干活了。

我们知道，喜欢做家务的男人是不多的，但如果能在做完家务后得到老婆花儿一样的笑脸和赞美，偶尔再奖励个异性按摩，那就另当别论了。萌萌经常挂在嘴边的赞美就是："老公，你真好，把家收拾得那么干净，咱家没你哪行呀！"又或者"老公，你太爱我了，我特别离不开你，来，老公，我给你擦擦汗，一会儿给你捏捏腿揉揉肩吧……"每当萌萌这样夸赞老公时，他都会感觉到浑身有使不完的力气，干得特带劲。

谁说说的不如做的呢？说有说得技巧，做有做的补偿，两口子过日子就是"周瑜打黄盖，一个愿打一个愿挨"，不信吗？那你也回去赞他一下试试。

其实赞美在女人生活的各个角落都很适用。我们应该知道，一个人身上值得赞美的地方数不胜数，纵然是没有特别技艺和才能的人，他们性格上也有或多或少的优点，如豪爽、和蔼、细心、大方等等。总之，凡是值得一赞的特征，我们都不妨去赞美一下。记住，不要怕因赞美别人而降低自己的身价，相反，我们应当通过赞美表示你对人的真诚。有句话说得好："给活着的人献上一朵玫瑰，要比给死人献上一个大花圈价值大得多。"言简意赅，相信大家都能明白。

然而，有些女人可能是太过清高又或自视甚高，平时对一切都显出不屑一顾的样子，好像这世间根本就不存在值得她们赞美的事物一

般。说句不客气的话,这种人是缺乏真情实感、缺乏谦逊品德的。就算她们口中偶尔蹦出赞美之词,也会让人感觉甚为别扭,甚至会被人误认为是在讽刺。这不能不说是人生上的一种失败。

　　对于这些朋友,我们想奉上一句忠告:希望你能敞开心扉,去接纳身边的人和物,对他们抱以真诚的微笑,给他们以真挚的欣赏,这样,你的世界就会焕发出别样的美好。可以预见,当你以真心去赞美别人时,便一如用火把照亮了他们的心田,同时,火把也会照亮你的心田,使你在这种真诚的赞美中感到愉快和满足,并推动你对所赞美事物的向往,引导自己向这方面前进。当你向朋友说"我最佩服你遇事能够坚决果断,我能像你这样就好了"时,你也会被朋友的美德所吸引,竭力使自己也能够坚强果断起来。还有一个点很重,我们要是能够时常这样去赞美自己的丈夫,结果会怎样?那就等于取得了最可靠的婚姻保险。

　　事实上,生活中没有赞美是不可想象的。百老汇一位喜剧演员有一次做了个梦,自己在一个座无虚席的剧院,给成千上万的观众表演,然而,没有赢得一丝掌声。他后来说:"即使一个星期能赚上10万美元,这种无人喝彩的生活也如同下地狱一般。"我们当然不想做地狱中的女人,而我们若想得到别人的赞美,首先就要学会赞美别人。经常赞美别人的女人,胸襟多半是开阔的,心境多半是快乐的,与人的关系多半是和谐的,而她个人的生活也是非常甜美的。

Part 6 谈吐不凡,呵出女人如兰气息

富含真情的话最能打动人

说话贵在有情。充满真诚实感的话语才能感染人。充满感情、融入真情的语言最能打动人心。巧妙地运用充满真情的话语,可以使说者与听者产生情感上的共鸣,促进交流双方建立更加融洽的关系,形成良好的沟通氛围。所以说话一定要注入情感的因素,真诚的语言才能打动人心、感染他人。

美国南北战争结束后,有一个叫约翰·爱伦的普通人和一个在南北战争中的著名英雄陶克将军竞选国会议员。陶克功勋卓著,曾任过二三次国会议员,口才也很好。他在竞选演讲即将结束时,还说了几句很带感情色彩的话:

"诸位同胞们,记得十七年前(南北战争时)的今天,我曾带兵在一座山上与敌人激战,经过激烈的血战后,我在山上的树丛里睡了一个晚上。如果大家没有忘记那次艰苦卓绝的战斗,请在选举中,也不要忘记那吃尽苦头、风餐露宿造就伟大战功的人。"

这话应该说是很精彩的,许多听众都认为爱伦定输无疑了。然而,爱伦不慌不忙,说了几句很轻松的话,便扳回了败局。他是这样说的:

"同胞们,陶克将军说得不错,他确实在那次战争中立了奇功。我

当时是他手下的一个无名小卒,替他出生入死,冲锋陷阵。这还不算,当他在树丛中安睡时,我还携带了武器,站在荒野上,饱尝寒风冷露的味儿,来保护他。"

这话比陶克说得更高明了。因为听众中许多人是南北战争时的普通士兵,所以,爱伦的话更容易激起这些人的共鸣。于是,爱伦居然击败了陶克,胜利地跨进了国会大厅。

大家都爱听刘兰芳说《岳飞传》吧。她为什么说得那么好呢?这与她在书中贯注满腔激情分不开。

许多老演员曾经告诫她,岳飞风波亭受刑一段是说书人"败笔"之处,很难收到艺术效果,一些老演员往往是避而不讲。但是,刘兰芳却认为这一段只要演员深深地"进入角色",反而更为感人。于是,她大胆突破陈规,对岳飞受刑进行了满含深情的渲染,充分展示了人物的高风亮节。当她说到岳飞不顾皮肉剧痛,在生命垂危之时,依然忧国忧民、仰天长啸气吞山河的《满江红》时,深为岳飞的英雄气概所感动,止不住热泪滚滚夺眶而出。

正是因为刘兰芳这样声情并茂的表演,所以,每次播讲时,都牵动了千千万万听众的心。

一位女教师找到刘兰芳,紧紧握住她的手说:"你讲的奸臣得势,忠良受害,真是太感人了。我想听又不敢听,最后还是下决心流着泪听完了……"

美国成功学家卡耐基劝诫所有的演讲者:不要抑制自己真诚的情感。要让观众看到,演讲人对自己谈论的话题多么热忱、多么富有情感。

每个人都有激情,只是在现实生活中,很少有机会表现出来,而且一般人都不愿意将自己的感情当众流露,因此,人们总是通过交流或参与某种活动,在一个大家都非常投入、十分忘我的氛围中,以满足这种感情的需要。

其实,日常生活中每个人当众说话时,都会依自己倾注谈话的热心程度而表现出热情与兴趣。这时,我们的真情实感常会从内心里流露出来。这是一种自然地流露,也是一种易感染他人的流露。在说话和演讲中,如果我们能调动自身的激情,以情感人,那么,听者便在我们的掌控之下,我们就掌握了开启听众心灵之门的钥匙。缺乏激情,你所说的话就会苍白无力、枯燥乏味。要想打动人心、感染他人,你就需要在你的话语中倾注你的真情。

让别人体味到你真诚的关怀

人与人之间,无论是主雇关系还是朋友关系,无论是亲人还是顾客,都应该相互真诚。因为真诚高于人性其他方面的一切品质!但要如何才能获得别人的真诚呢?答案是,只有真诚才能换来真诚!

其实,这个世界并没有绝对的对或绝对的错,有的只是一个人所站的不同立场。只要你认为对,这个世界就是对的。因此,在生活中,我们要经常站在别人的立场上去为别人讲几句话，我们要经常主动地去理解别人，真诚地认同别人的话，即使对方的观点很另类，或者不符合事实，我们也没有必要凭着自己的主观意见，去指责或者对对方说教。

当我们真诚地关注别人时，我们才会获得别人的关注和支持。

"化妆品女皇"玫琳·凯年轻时曾经有过这样的经历：用真诚和赞美，为一位想轻生的女孩子带来了光明。

一天，她在海边看到了一位坐着的女孩子，脸上写满了忧郁与哀愁，眼角还挂着泪痕。玫琳·凯微笑着走上前去，问她："您好，我叫玫琳，能跟你说几句话吗？"

女孩子并不愿意理她，依然在那里感受着落寞。玫琳·凯继续温柔地说："虽然你心情非常糟糕，让你显得有些忧愁，但你依然很美。你有什么伤心痛苦的事情，可以跟我说说吗？"

她想了一会儿，就真的跟玫琳·凯倾诉了起来。当她说得动情时，还流下了眼泪。而玫琳·凯给她的一直是真诚的眼神、用心的倾听和适当地点头。玫琳·凯的聚精会神，让女孩子感觉到了一种关注和理解。最后，女孩子还说，自己今天来海边，就是想结束自己的生命的。因为自己爱上的那个人，在事业有成后就把自己抛弃了。

玫琳·凯听了后，不但为她感到唏嘘、忧伤，还气愤地大骂那个男人有眼无珠。最后，她真诚地鼓励女孩："你放心吧，天底下好男人多的是，你一定会找到一位责任心强且很有爱心的男人的。你看你长得多漂亮，连我这样的女人都喜欢，更何况是男人呢。所以，你一定要振作起来。"

Part 6 谈吐不凡,呵出女人如兰气息

最后,女孩用极其感激的语气对玫琳·凯说:"从来没有人和我说过这么多话,我感觉自己到今天才算是真正的发现了自己。我现在才相信,活下去会是很美好的。"

是的,能够主宰自己生命的玫琳·凯知道,每个人都希望获得别人的真诚的关怀、理解和尊重。大多数时候,一句真诚的赞美,可能只花说出者一分钟时间,但对于听者,可能会影响其一天、一年甚至一生。

从物理学的角度看,作用力与反作用力总是同时出现的;从人作为感情动物的特性而言,你真诚地关怀我,我也会真诚地为你着想。如果你对对方悉心关照,处处为其设想,他必然也会懂得做点什么来回报你,即"来而不往非礼也"。因此在人际交往中,要想获得别人真诚相待,你必须真诚待人!切记,只有真诚才能换来真诚!

不动声色化解无礼冲撞

有时我们面对一个突发事件或一个刁钻的问题,不知所措固然不行,试图一五一十地把问题解释清楚也不是一个好办法。这时最好面不改色心不跳,同时迅速做出反应,以简单而又能避其锋芒的语言予以化解。

在维也纳一次记者招待会上,《纽约时报》记者马克斯·弗兰克尔就出访美苏会谈的"程序性问题"采访基辛格。

"到时,你是打算点点滴滴地宣布呢,还是来个倾盆大雨,成批地发表声明呢?"

基辛格回答:"我打算点点滴滴地发表成批声明。"全场顿时哄然大笑。

那位记者发问的方式是选择提问,如果基辛格照他那样选择其中一个来回答的话,都不算是妥当的。基辛格巧妙地使用模糊语言,机智地摆脱了尴尬的困境。

我们不可能梦想有一种完美、和谐、符合逻辑的人际关系的存在。现实中,每个人都会经常遇到一些无法料到的困境,譬如说失言、恶意谣言、被冒犯等。

而面对无礼的冲撞,我们则要掌握这样的应变技巧。

(1)探求出口伤人背后的原因。出言不逊的人,内心往往有许多痛苦要发泄。如果你猜不出他有什么真正的烦恼,不妨问问。记住,对方说的尖酸话不一定都是冲着你来的,因此,不妨退一步,想想他这样做是否有其他原因。

(2)分析说话本身是否真的含有恶意,抑或是自己神经过敏。

(3)勇敢面对口出恶言者,不要回避。

(4)一笑了之,开点儿玩笑对付侮辱你的话。

(5)通过某一举动来警告对方,令他自动停止恶言。

(6)不予理会,人家说什么,你不要马上动怒,可以顺着他的意思说下去,令他的话落空。

（7）假装懒得理会。人最怕别人认为他无聊讨厌，你可以假装不感兴趣，眨眨眼、打个呵欠，然后用一副"懒得理会"的表情望向别处。

（8）你不可能完全避免受到尖酸话的攻击，试试把一些伤人的话作为人们失意时的正常发泄，而失意是人人都会有的。我们大多数人都会尽量不去侮辱人，不过偶尔也会犯错。

果戈理有一句话："理智是最高的才能，但是如果不克制感情，它就不可能获胜。"如果说，我们在遇到尴尬的局面时都是心慌意乱，不能控制自己的感情的话，在这种特殊的场合下自然会穷于应付。这时，我们就需要一点急智。

著名喜剧女演员卡洛·柏妮因为塑造了许多生动的形象而深得人们的喜爱。有一次她坐在餐厅里用午餐。这时，有一位老妇人走向她的餐桌，举起手来摸摸卡洛的脸庞。当她的手指滑过卡洛的五官时，还带着歉意说："我看不出你有多好看。""还是省省你的祝福吧！"卡洛说，"我看起来没有你好看呢。"

当别人令我们感到尴尬时，我们未必要与其针锋相对，换一种方式去表达，也许就会让他知难而退。素不相识的人去摸别人的脸庞，这是绝对的无礼；当她假装抱歉，其实是在讥讽和挖苦。可以设想一下，如果那位老妇人面对的是一个与她一样放肆无礼而又心胸狭窄的人，人们也许将会目击一场争斗。可是，卡洛·柏妮表演喜剧，她深深理解喜剧与闹剧的差异。所以，她神情自若，先把老妇人带有攻击意味的贬低说成是"祝福"，并请她停止"祝福"。然后，坦然地承认自己没多好看，讽刺对方，而又嘲笑自己。在粗鲁蛮横的侵犯面前，保住了自己的尊严，同时又表现出一种豁然大度的宽容厚道之气，从而在精神上战胜了对方。其中引人发笑的成分不少，让人起敬的成分更多。

有时候我们会遇到一些尴尬场面，有可能是因为别人的过错而引起的，这种时候我们总是会面临着是直言以对还是保持沉默的两难选择。其实，我们可以用巧妙委婉的方式来表达我们的意见，既不会引起别人的不满，又可以让他们接受我们的意见。

拒绝也给别人被尊重的感受

想必大家可能都遇到过这样的情况，有些时候，别人向我们提出某些要求，我们心中原本不情愿，想要拒绝，但碍于情面却点了头，结果反倒苦了自己。所以说，学会巧妙委婉的拒绝，是非常有利于提高我们的工作效率和生活质量的。

有这样一个女人，她刚过30岁就当上了"二十世纪福斯电影公司"的董事长，她的名字叫雪莉·茜，是好莱坞第一位主持一家大制片公司的女士。为什么她有如此能耐呢？主要原因是，她言出必践，办事果断，经常是在握手言谈之间就拍板定案了。

好莱坞经理人欧文·保罗·拉札谈到雪莉时，说和雪莉一起工作的人都非常敬重她。欧文表示,每当她请雪莉看一个电影脚本时,她总是马上就看,很快就给答复。

一般的人都会用沉默来代替回答,但是雪莉看了给她送去的脚本,都会有一个明确的回答,即使是她说"不"的时候,也还是把你当成朋友来对待。这么多年以来,好莱坞作家最喜欢的人就是她。

其实这世界上,任何人都有得到别人理解与帮助的需要,任何人也都常常会受到来自别人的请求和希望,可是,在现实生活中,谁也无法做到有求必应,这时我们只能遗憾地加以拒绝。但需要注意的是,人都是有自尊心的,一个人有求于别人时,往往都带着惴惴不安的心理,如果一开口就说"不行",势必会伤害对方的自尊心,引起对方强烈的反感,而如果话语中让他感觉到"不"的意思,从而委婉地拒绝对方,就能够收到良好的效果。因此,学会有"计巧"地说"不",就显得尤为重要了。

要巧妙地拒绝别人,我们首先要把握以下几个原则。

(1)顾及对方自尊,给对方留台阶

我们拒绝别人时,不宜开口就说"不行",应该尊重对方的愿望,先说关心、同情的话,然后再讲清实际情况,说明无法接受的理由。

此外,在拒绝别人时,我们不但要考虑到对方可能产生的反应,还要注意准确恰当地措辞。比如你拒聘某人时,如果悉数罗列他的缺点,会十分伤害他的自尊心。倒可以先称赞他的优点,然后再指出缺点,说明不得不这样处置的理由,对方也能更容易接受,甚至感激你。

(2)降低对方对你的期望

大凡求人办事的人,都相信你能解决这个问题,他对此抱有很高的期望值。一般来说，他对你所抱的期望越高，越是难以拒绝。因而在拒绝要求时，倘若多讲自己的长处，或过分夸耀自己，就会在无意中抬高了对方的期望，增大了拒绝的难度。如果适当地讲一讲自己的短处，就降低了对方的期望，在此基础上，抓住适当的机会多讲别人的长处，就能把对方求助目标自然地转移过去。这样不仅可以达到拒绝的目的，而且使被拒绝者因得到一个更好的归宿，由意外的成功所产生的愉快和欣慰心情，取代了原有的失望与烦恼。

（3）尽量使你的语气温柔缓和

当你想拒绝对方时，可以连连发出敬语，使对方产生"可能被拒绝"的预感，形成对方对于"不"的心理准备。同时要让对方明白，你的拒绝是出于不得已，并且感到很抱歉，很遗憾。尽量使你的拒绝温柔而缓和。

（4）让对方明白自己的处境

一般来说，一个人有事求别人帮忙时，总是希望别人能满足自己的要求，却往往不考虑给他人带来的麻烦和风险。如果实事求是地讲清利害关系和可能产生的不良后果，把对方也拉进来，共同承担风险，即让对方设身处地去判断。这样会使提出要求的人望而止步、放弃自己的要求。

（5）尽量使自己争取主动，站在有利的位置上

不管怎么说，拒绝别人的要求总是被动的。因为很难预料是谁，在什么时候、会提出什么要求，而且对方的要求一经提出，又总得当面有所答复。但在有些情况下，去登门谢绝，就可以使对方产生感恩心理，争取到一点主动权。

举个例子：薛女士在医院工作，有一次出差回来，朋友送给他一张便条，原来是朋友的父亲患心脏病想住院治疗，请她帮忙云云。于是薛女士当晚专程去拜访朋友，对其说明床位早已住满。朋友说道："本应是我去找你，却让你跑这么远的路，很过意不去。看来你的确是没有办法，否则也不会专程登门。"

（6）态度一定要真诚

拒绝总是令人不快的。"委婉"的目的也无非是为了减轻双方，特别是对方的心理负担，并非玩弄"计巧"来捉弄对方。特别是领导、师长拒绝下级、晚辈的要求，不能盛气凌人，要以同情的态度，关切的口吻讲述理由，使之心服。在结束交谈时，要热情握手、热情相送，表示歉意。一次成功的拒绝，也可能为将来的重新握手、更深层次的交际播下希望的种子呢！

另外一般来说，拒绝的时间最好趁早别趁晚，因为及早拒绝，可以让对方抓住时机争取别的出路。无目的的拖拉，是对人不负责的态度。至于地点，拒绝时一般把对方请到自己办公室来为好。如果在公共场所，宜小不宜大，宜暗淡不宜明亮。为了避免明光的直接接触，两人的座位也以斜对面或并肩座为宜。合适的时机也很重要，不宜在众人的场合拒绝。

其实，拒绝人的具体的方法有很多种，以下几种仅供大家参考。

（1）诱导对方自我否定

罗斯福当美国总统之前，曾在海军担任要职。一天，一位朋友问起有关海军的情况，事涉保密的内容。罗斯福灵机一动，装模作样地向四下看了看，压低声音回答："你能保密吗？""当然能！"罗斯福接着说:"你能我也能。"

(2) 推托、拖延

这种方法是指可用时间来拖延,也可用某人不在自己无法决定来推托。

某宾馆开一个时装展示会,请了著名模特表演,入场券价位较高。当地的朋友都来向主女老板要票,她只好回答:"很遗憾,这次入场券全部掌握在外方老板手中。"

(3) 先"同意"后拒绝

有时对方提出的要求并非无理取闹,有一定的合理性,但因条件限制又无法予以满足,可以先表示理解与同情,然后再婉言拒绝。

如,一个女老板对另一个女老板说:"我们两家搞个联营,你看怎样?"

对方回答:"这个设想不错,只是目前条件还不成熟。"

如此一来,既拒绝了对方,又为自己留下了后路。

(4) 避实就虚

避开实质性的问题,故意用模棱两可的语言做出具有弹性的回答,既无懈可击,又达到在要害问题上拒绝做出回答的目的。

中国奥运代表团到达二十四届汉城奥运会比赛地时,外国记者纷纷问团长李梦华:"中国能拿几块金牌?""中国能超过韩国吗?"李答:"10月2日以后,你们肯定能知道。"记者又问:"中国新华社曾预测能拿到11块金牌,你认为有把握吗?"李又巧妙地回答:"中国有充分的言论自由,记者怎样想,就可以怎样写!"

无论如何,拒绝别人总是会令对方失望的,我们直接对他人说

"不行"、"我做不到"之类的拒绝的话,对方一定会心生不快和反感,甚至会怀恨在心。相反,诚恳而有技巧的拒绝对方,不仅能够得到对方的谅解,还能给对方留下良好的印象。这是每一个女人不得不学的社交辞令哦。

少说多听,不论人非

哲学家们说"一个女人等于500只鸭子",事实就是如此,喜欢闲聊是女人的天性,诸如衣服、品牌、化妆品、男人……谁谈恋爱了,谁和男朋友分手了,谁和老板的关系可能不正常了,谁考试没过关了,谁给上司送礼了……不要以为你说了不会有人知道,不要以为身边的人都是朋友,可能你上午说完,下午别人就知道了,而你就在毫不知情中却把人得罪了。

在我们的生活当中,"三八"渐成了一个贬义词,知道吗,词典里对于"三八"的解释就是长舌女人,在背后论人是非的女人。

所以,聪明的女人一定要管好自己的嘴,闲谈莫论人非。你可以做个好的倾听者,但是如果你知道自己管不住自己的嘴,那么最好不要加入到任何闲谈中,以免殃及自身。

曾经有位哲人说过这样一句话:"坏人不讲义,蛮人不讲理,小人什么都不讲，只讲闲话。"闲话也有很多种，一种是依事据理、与人为善的说法；一种是无中生有、搅乱是非的说法。

　　职场的人际关系复杂，女性朋友们为了保住自己的地位和名誉，什么都不要尝试，因为你不敢保证自己哪句毫无恶意的话会被别人捕风捉影地到处传播出来，那样即使你有一百张嘴恐怕也说不清了——得罪了人不说，还有可能从此受到排挤。试想一下，你身边的人天天给你穿小鞋，有几个人能承受得住？

　　Linda 在上班路上遇到部门公认的美女主管阿美，看到她从一辆豪华轿车上下来，两人寒暄了几句。回到办公室，女孩子们正在聊天，"Linda，以后少和那个阿美接触，听人说她在外面被人包养了。""难怪，我看到她从一辆豪华轿车上下来。"办公室里一下炸锅了，一传十，十传百，下午开会阿美看她的眼神都不对了。以后处处都找 Linda 的麻烦，原来全公司都在传阿美被人包养，而且还有人亲眼见到了，而那个人自然是无意之中多嘴的 Linda 了。此时的 Linda 有嘴也说不清了，只得找了个借口递了辞呈。

　　言多必失，古人的遗训想来是有道理的。尤其是喜欢在背后议论别人的女人，总有一天你说的话会传到被谈论者的耳朵里——如果你们是朋友，那你将失去这个朋友；如果你们是同事，那你将多一个职场敌人。

　　一个女人在他人背后指指点点、说三道四，会在贬低对方的过程中破坏自己的大度形象，而受到旁人的抵触。不要轻易地去议论别人，这样会降低你的人格魅力，从而给自己的人际关系带来不良影响。所以，大家一定要以此为戒，管好自己的嘴巴，注意自己的形象。

Part 7
茕茕孑立，有个性才能气质不俗

女人一定要记住，你的个性属于你自己，是只属于你自己的个人魅力。做优雅的气质女人需要你有自己的个性。这样的个性不一定与众不同，标新立异，不过在你的身上这样的个性却能够让你对自己有方向，有追求，有好的愿景。唯此就足够了。

有梦想的，才叫女神

都说女人天生爱做梦，的确，有哪个女人没有为自己编织过最美丽的梦境呢？然而，大多数女人的梦境缺又总是被时间、被财迷油盐冲刷得支离破碎。

女人啊！应该时时记住提醒自己，你不是管家，更不是保姆，不要为了任何人而丢掉自己。常言说："二十岁以前的生活是父母给的，二十岁以后的生活才是自己努力得来的。"如果父母没有给我们一张天使般漂亮的面孔，也没给我们一个魔鬼般的身材，更没给我们万贯的家财，他们只给了我们一个很平常的生命，那么我们，怎样能把这个生命填充成一道越来越美丽的风景呢？那就看你自己怎样努力了。这就是为什么有的女人未老先衰，而有的女人年纪越大，却越是光芒四射。

女人啊，当你把自己锁在琐碎的小事中，自己不可能快乐，自己已经感觉不到快乐时，怎么可能带给家人快乐？女人不能没有梦想，没有梦想的女人就像是一颗放入口袋的钻石，失去了光芒。

中国台湾作家女王曾经讲过她的一段经历。在她出书之前，成遇到一个在外企做管理的成熟稳重的男人。那个时候，她发表在博客上

Part 7 茕茕孑立，有个性才能气质不俗

的文章已经开始受到了网友的追捧，不少出版社开始找她商谈出书事宜。而当时这个男人却对她说："我不希望我的女朋友那么高调，不希望你抛头露面不要去当什么作家，女孩子就要好好地上班，要不就在家乖乖地做家庭主妇。"

当时她好失望好矛盾。如果辞掉工作走作家这条路，就可能失去他。一边是梦想，一边是男人。该选择谁？她很犹豫。后来她拒绝了出版社的编辑。自那次之后，她一度怀疑自己不适合当作家，变得不开心。后来她突然意识到，如果放弃这个机会，那么作家梦就会被永远地搁置，或许人生就再也没有这样的机会了。于是，她抓起包就往电梯口跑去……

男人知道女王选择了当作家之后，只跟她说了一句话："你很自私。"然后就消失了。女王说，她一点都不后悔当初的选择。经过这次后才发现，女人不要轻易为了男人放弃自己的工作和梦想，一旦分手后就会什么都没有了。到那时候，他反而会来嫌弃你。

女人应该有自己的追求和梦想。不要在物质享受中迷失自己，也不要再柴米油盐中忘我牺牲。还是要有自己的天地和魅力的。

拥有梦想的女人，就是一只拥有矫健翅膀的鸿雁，可以自由翱翔；拥有梦想的女人，就像一叶逍遥的轻舟，可以乘风破浪；拥有梦想的女人，就如一朵能在四季绽放的鲜花，永远娇艳动人。梦想经过女人天性浪漫的大脑，可以为灰色的现实点缀上一抹绚丽的粉红。

有种魅力叫"独一无二"

有些女人总是埋怨自己长得不好,这没办法,长相是天生的,也许我们不是天生丽质,但事实上,我们依旧可以绽放自己的那份特有的女性魅力。女人,应该培养自己与众不同的气质,应该将这种气质最大限度地展现在自己人生的方方面面,那样,即便我们不是很漂亮,却同样可以在众人面前表现出自己的个人风采,成为大家眼中最迷人、最优雅的女人。

事实上,女人想外表美丽很简单,因为这个时代有那么多的先进技术,但是一个人的个人魅力是别人怎么模仿也模仿不了的。它存在于我们的内在,深入到了我们的举手投足之间,是我们每个人所特有的宝贝。我们应该珍惜这个宝贝,即便有一天我们年轻的容颜将随着岁月的洗礼慢慢老去,但是如果你能保持好自己的内在魅力,就是那道道皱纹也能让你显得绚烂夺目,这是属于你一个人的精彩,而我们一定要将这份魅力延续下去。

比如说英国王子查尔斯深爱的女人卡米拉,她就是一个极富个人魅力的女人。卡米拉出入公共场合,永远一副邻家老大妈的形象,即使是和查尔斯出访美国,即使她代表王室走访平民,即使是在她第二

Part 7 茕茕孑立，有个性才能气质不俗

次成为新娘的那一刻……她从不在乎电视记者的镜头，因为她要展现的不是自己漂亮的脸蛋，而是自己独特的性格魅力。

很多人也许一直困惑：卡米拉从外部条件来看与戴安娜王妃绝对不在一个级别上，然而她却能令英国王储查尔斯迷恋自己长达35年之久，她的撒手锏究竟是什么呢？那就是漂亮的脸蛋也无法超越的摄人心魄的个人魅力。

小时候的卡米拉曾就读于著名的"女王之门"学校，她的学习成绩非常优异，而且在击剑上表现出很好的个人天赋。银行家布罗德瑞克·威尔逊与卡米拉相识了近半个世纪，布罗德瑞克回忆说："小时候的卡米拉就很有感染力，她的身边总是围绕着一大群女孩。大家都叫她'米拉'，她的性格外向，像男孩子一样顽皮。那时候的她就是大家关注的焦点，这不仅是因为她长得漂亮，也因为她很聪明，很活跃。"

卡米拉热衷狩猎、马球、马术、园艺和乡村生活，而不像戴安娜王妃那样喜欢电影首映式和业余摄影。比起戴安娜，卡米拉与查尔斯的母亲——伊丽莎白女王更有几分相似之处。不仅如此，很多认识卡米拉的人都觉得，她不仅热情，而且极其富有幽默感。

卡米拉身上体现的是贵族特有的保留与克制，她的这种气质无疑使查尔斯觉得和她在一起更加轻松自在。正如查尔斯的传记作者乔纳森所说的，查尔斯在卡米拉身上找到了"温暖、理解和他一直渴望却从未从其他人身上找到的坚定性"。

卡米拉在2005年占据了"十大最具魅力人士"评选的榜首位置，美国著名主持人芭芭拉·沃特在颁奖词上说："最有魅力的人并没有像

我们想象的那样改变世界。她没有找到治愈一种疾病的良方，或赢得诺贝尔和平奖。她所做的就是爱一个人，无条件地爱一个人。她就是英国继任王妃卡米拉·帕克·鲍尔斯。"

女人真的需要一种外表之外的美丽，一种由内而发的美丽。当别人用一种崇拜的眼光看着我们时，那一刻，我们真的会很骄傲，不露声色的骄傲。原来，岁月赐予了我们很多沉稳，一种不露声色的沉稳，更赐予了我们一种优雅，一种时刻微笑的优雅。女人长大了，终于明白了人生，明白了一切随缘，明白了万事顺应天意，得饶人处且饶人，给自己留条后路，也给别人留条后路。如今的我们真的应该成熟了，不再一味张扬，而脸上那淡淡柔柔的微笑，是不是时刻也透露着女人的魅力呢？原来，女人美丽的不只是脸蛋、是身段，还有一种由内而外的妖娆，是那种透着女人味的魅力，令男人们每每心跳不已。

所以，别再因为自己没有比别人更俊俏的容貌而苦恼了，用自己炽热的情怀去感受那份作为女人的美好吧。只要你用心地去完善自己、丰富自己，你一定会展现出属于自己的味道，彰显自己无可抵挡的个人魅力。

别把自己托付给别人

时下，女人们常说："干得好不如嫁得好。"那么，嫁得好真的就好吗？不尽然。

首先，"嫁得好"需要一种运气。我们不妨仔细看看自己身边的女人，几乎每个人都高喊着"我要嫁个有钱人"，但真正有钱的又有几人？更何况，有钱的公子身边一定不乏美女追随，你有信心击败众多情敌脱颖而出吗？

退一步说，即便你幸运地钓到了一个"金龟婿"，但又能保证他不是一个追逐风花雪月的"花花公子"吗？毕竟在这个金钱至上的时代，已经没有几人再去恪守"富贵不能淫"的信条。

好吧，就算你嫁了一个既有财又不风流的男人，那你就一定会幸福吗？将全部希望寄托在男人身上，依附在男人的恩赐下、过着仰人鼻息的生活，自己的喜怒哀乐要看别人的脸色，你真的就会觉得快乐吗？

我们不妨睁眼看看，这个世界上有多少女人为了家庭放弃了自己的事业，最终又被家庭所遗弃呢？她们牺牲事业，为了丈夫、为了孩子不断地付出，最后迎来的却是丈夫的背叛！当她们想重拾自己的事业时，却发现自己已经跟不上时代的脚步，完全与社会脱轨了，这难道不是一种悲哀？

所以说，女人一定要"进得厨房，出得厅堂"，不但要照顾好家庭，更要照顾好自己的事业。即便你的丈夫能够为你提供优渥的生活条件，但你同样要学会独立。因为，独立才能让你找到自我，独立才能让你实现自己的价值，而不是作为男人的附属品，仰人鼻息。因为，独立的女人才能找到自信，才能让你在爱情的两端收放自如。

如果你做不到这一点，那么你就会像下面这位女士一样陷入彷徨：

雪儿未嫁人前是个小白领，日子过得逍遥自在、无拘无束，闲暇时与朋友泡泡吧、逛逛街，活得非常滋润。

结婚以后，雪儿遵照老公的吩咐，辞去工作，当起了全职太太。渐渐低，朋友疏远了，交际变少了，有时做完家务，雪儿一个人站在阳台上，望着不远处繁华的街道，心中竟会撩起一阵阵莫名的空虚。

后来，老公以"资金周转不灵"为由，削减了雪儿的生活费用，每个月只给她 4000 元的家用，当然，这其中还包括物业费、水电费、煤气费等一切家庭支出。有时，甚至与老公一同外出就餐，都要她掏腰包买单。

我们可以想象一下，区区 4000 块，还要打理家中的一切。雪儿自己还能剩下什么？有时，她甚至因为钱不够用，弄得自己节衣缩食，连以前常常光顾的"必胜客"都不敢再去。但是，纵然如此，她亦不曾向老公张口。在她看来，自己没有能力养这个家，需要依附老公的"关爱"过日子，所以不能再给老公添麻烦，她甚至觉得再伸手向老公要钱，是一件非常丢脸的事情。

再后来，老公在外面有了别的女人。她不敢与老公争执，她怕失去这份赖以生存的"关爱"，于是她跑去找那个女人，央求她放过自己的老公，女人良心发现，应允了。可是没过多久，老公又摘到了新的"野花"。对此，她伤心透顶，但又无可奈何："如果他不要我，我该怎么活呢？"于是她选择了忍气吞声，但这样的日子要到何年何月才到头呢？

女人，若是彻底放下事业，专心为男人做保姆、生儿育女、打理家务，就会逐渐使自己的思维变得狭窄，继而完全丧失自我。更可气的是，对于我们这样的付出，很多时候男人并不领情。他们总是在用极端挑剔的目光审视着自己的老婆，他们简直希望自己的女人是完美的化身：貌若西子，贤如孟光，才比易安。倘若有一点不及他意，他便会思绪翻飞——瞧，那个女人多好。

所以说，倘若哪个女人只想着依附男人生活，那么她势必会输得很惨，活得毫无尊严，又遑论幸福美满？

女人，需要有自己的事业，有自己的朋友、自己的交际圈，这样才能与社会紧紧挂钩，才不会在惨遭遗弃之时茫然不知所措，才有资本与男人"叫板"，才能使自己变得更加魅力无限。

每一个女人都有必要清一点——维持婚姻的平衡，其首要条件就是夫妻双方人格上的平等。这种平等取决于什么？取决于我们的自强、自立。女人不是弱者，女人应该让男人知道：离开他们，我们一样可以活得很好！女人，要为自己而活，魅力女人绝不会做一个完全依附男人的寄生虫。

坚守你的那份本真

"兰生幽谷，不为莫服而不芳；舟在江海，不为莫乘而不浮。"生命是自己的，无需因为没有别人的赏识，而刻意将自己改造成别人喜欢的模样，曲意逢迎，苦的最终还是自己。人，只有活得真实才能活得踏实。海市蜃楼再壮观，总会消失的。如果背叛了生命的真实，戴着最虚伪的面具活着，总会有一种空度一生的感觉袭来，敏感的灵魂总能预见到深刻的困境。

艾丽丝太太从小就特别敏感而腼腆，她的身体一直太胖，而她的一张脸使她看起来比实际还胖得多。艾丽丝有一个很古板的母亲，她认为把衣服弄得漂亮是一件很愚蠢的事情。她总是对艾丽丝说："宽衣好穿，窄衣易破。"而母亲总照这句话来帮艾丽丝穿衣服。所以，艾丽丝从小就习惯于把自己包裹在肥大的衣服里，也越来越觉得自己肥胖丑陋。她变得非常自卑。艾丽丝从来不和其他的孩子一起做室外活动，甚至不上体育课。她非常害羞，觉得自己和其他的人都"不一样"，完全不讨人喜欢。

长大之后，艾丽丝嫁给一个比她大好几岁的男人，可是她并没有改变。她丈夫一家人都很好。艾丽丝尽最大的努力要像他们一样，可是她做不到。他们为了使艾丽丝开朗而做的每一件事情，都只是令她更退缩到她的壳里去。艾丽丝变得紧张不安，躲开了所有的朋友，情形坏到甚至怕听到门铃响。艾丽丝知道自己是一个失败者，又怕她的丈夫会发现这一点，所以每次他们出现在公共场合的时候，她都假装很开心，结果常常做得太过分。事后，艾丽丝会为此难过好几天。最后不开心到使她觉得再活下去也没有什么道理了，艾丽丝开始想自杀。

后来，是什么改变了这个不快乐的女人的生活呢？只是一句随口说出的话。

有一天，她的婆婆正在谈怎么教养她的几个孩子，她说："不管事情怎么样，我总会要求他们保持本色。"

"保持本色！"就是这句话！在那一刹那，艾丽丝才发现自己之所以那么苦恼，就是因为她一直在试着让自己适应一个并不适合自己的模式。

艾丽丝后来回忆道："在一夜之间我整个改变了，我开始保持本色。我试着研究我自己的个性、自己的优点，尽我所能去学色彩和服饰知识，尽量以适合我的方式去穿衣服，主动地去交朋友。我参加了一个社团组织——起先是一个很小的社团——他们让我参加活动，把我吓坏了。可是我每发过一次言，就增加了一点勇气。今天我所有的快乐，是我从来没有想过可能得到的。在教养我自己的孩子时，我也总是把我从痛苦的经验中所学到的结果教给他们：'不管事情怎么样，总要保持本色。'"

芸芸众生，唯有个性派生出的本真，才会营造美。也许我们并不能让所有人满意，但至少我们可以让自己满意。只要我们有那份安然与恬静的坚守，就可以不去惊扰别人，也不让别人纷扰自己。生活的山明水秀，需要的是一种本真的心境。

一个人，也可以很优雅

人缺少的往往是一份自己独处的淡定的心，太过喧嚣的生活环境里，我们更容易迷失自我。不如像黑格尔说的那样："背起行囊，独自旅行，做一个孤独的散步者"。

很多人喜欢三毛，喜欢她对自由的诠释。可是，为何这么多年过去，再没有出现一个三毛一样的人？为什么她的自由只能被默默欣赏，而无法直接效仿呢？因为我们害怕孤独，无法像她一样摆脱尘世的杂念，故而得不到她那样的自由。

我们崇拜三毛行走在撒哈拉大沙漠里的洒脱，可大部分人只敢跟着旅行团走马观花，又有几人愿意背起简单的行囊独自去旅行呢？我们大多数人都是这复杂世界中的一颗棋子，心甘情愿地接受他人的摆布，这些包括我们的亲人、朋友、上司，甚至可能是这世界上的任何一个人。我们害怕如果不接受摆布就会被排斥，我们无法承受那样的孤独，所以当三毛的心飞向自由时，我们心甘情愿地被

Part 7 茕茕孑立，有个性才能气质不俗

束缚。

也有人认为三毛很软弱，因为她的文字总是写满忧伤，她的故事里总是带着感伤。或许他说的没错。但谁又能说，这不是三毛对内心孤独的一种面对与释放呢？

三毛的孤独来自于她对"自己"二字的定义。三毛说："在我的生活里，我就是主角。对于他人的生活，我们充其量只是一份暗示、一种鼓励、启发，还有真诚的关爱。这些态度，可能因而丰富了他人的生活，但这没有可能发展为——代办他人的生命。我们当不起完全为另一个生命而活——即使他人给予这份权利。坚持自己该做的事情，是一种勇气。"

现代的女性虽然不再像古时那样嫁夫从夫、三从四德，可大部分女人还是心甘情愿地牺牲自己来成全男人，直到伤的体无完肤，才知道什么叫"爱自己"。三毛也很爱荷西，可她从来没有因为爱荷西而失去自我，她说："我不是荷西的'另一半'，我就是我自己，我是完整的。"为了自己，三毛孤独地生活着。

在《稻草人手记》的序言里，有这样一段描写，一只麻雀落在稻草人身上，嘲笑它"这个傻瓜，还以为自己真能守麦田呢？他不过是个不会动的草人罢了！"话落，它开始张狂地啄稻草人的帽子，而这个稻草人，像是没有感觉一般，眼睛不动地望着那一片金色的麦田，直直张着自己枯瘦的手臂，然而当晚风拍打它单薄的破衣裳时，稻草人竟露出了那不变的微笑来。三毛就像这稻草人，执着地微笑着守护内心中那片孤独的麦田。

作家司马中原说："如果生命是一朵云，它的绚丽，它的光灿，它

的变幻和漂流，都是很自然的，只因为它是一朵云。三毛就是这样，用她云一般的生命，舒展成随心所欲的形象，无论生命的感受，是甜蜜或是悲凄，她都无意矫饰，行间字里，处处是无声的歌吟，我们用心灵可以听见那种歌声，美如天籁。被文明捆绑着的人，多惯于世俗的烦琐，迷失而不自知。"

世人根本没有必要为三毛难过，而应该为她高兴，因为她找到了梦中的橄榄树。在流浪的路上，她随手撒拨的丝路花语，无时不在治疗着一代人的青春疾患，她的传奇经历已成为一代青年的梦，她的作品已成为一代青年的情结。她虽死犹生。

有时候，给自己一些孤独时光，做一个孤独的散步者，你会越走越和谐，越走越从容，越走越懂得享受人与人之间一切平凡而卑微的喜悦。当有一天，走到天人合一的境界时，世上再也不会出现束缚心灵的愁苦与欲望，那份真正的生之自由，就在眼前了。

没人疼，就自己疼自己

女人是要人疼的，女人还是有人疼好。有人疼的女人一定很滋润、很知足、很幸福，但这个世上有谁能疼我们一生一世，哪怕是父母爱人也未必。生活并非都是你想象中的样子，也没有谁的疼爱是理所当

然要给的,当你身边没有人疼的时候,你该怎么办?

没有人疼的女人,不要悲悲切切地对别人说自己有多惨,不要翻开自己的痛苦给别人看,因为,有些人可能会给你再撒上一把盐。没人疼的时候,就自己疼自己。那些伤,一个人完全可以包扎;那些痛,一个人完全可以释放;就算有恨,也可以隐在岁月里淡忘。如果有泪水,就流在自己心里,而不要挂在脸上来交换别人的可怜,因为,可怜之人必有可恨之处。你可以可怜别人,但不要让别人可怜你。在没人疼的日子里,你更应该养壮自己。

紫霄未满月就被奶奶抱回家。奶奶含辛茹苦把她养到小学毕业,狠心的父母才从外地返家。父母重男轻女,对女儿非常刻薄。她生病时,父母反而会为难她,母亲说:"我看见你就来气,你给我滚,又有河又有老鼠药又有绳子,有志气你就去死。"还残忍地塞给她一瓶"安定"。13岁的小姑娘没有哭,在她幼小的心灵里,萌生了强烈的愿望——她一定要活下去,并且还要活出个人样来!

被母亲赶出家门,好心的奶奶用两条万字糕和一把眼泪,把她送到一片净土——尼姑庵。紫霄满怀感激地送别奶奶后,心里波翻浪涌,难道我的生命就只能耗在这没有生气的尼姑庵吗?在尼姑庵,法名"静月"的紫霄得了胃病,但她从不叫痛,甚至在她不愿去化缘而被老尼姑惩罚时,她也不皱眉不哭。但是叛逆的个性正在潜滋暗长。在一个淅淅沥沥的清晨,她揣上奶奶用鸡蛋换来的干粮和卖棺材得来的路费,踏上了西去的列车。几天后,她到了新疆,见到了久违的表哥和姑妈。在新疆,她重返课堂,度过了幸福的半年时光。在姑妈的建议下,她回安徽老家办户口迁移手续。回到老家,她发现再也回不了新疆了，父母要她顶替父亲去厂里上班。

她拿起了电焊枪，那年她才 15 岁。她没有向命运低头，因为她的心中还有梦。紫霄业余苦读，通过了《写作》、《现代汉语》和《文学概论》自学考试。第二年参加高考，她考取了安徽省中医学院。然而她知道因为家庭的原因无法实现自己的梦想，大学经常成为她梦里的主题。

1988 年底，紫霄的第一篇习作被《巢湖报》采用，她看到了生命的一线曙光，她要用缪斯的笔来拯救自己。多少个不眠之夜，她用稚拙的笔饱蘸浓情，抒写自己的苦难与不幸，倾诉自己的顽强与奋争。多篇作品飞了出去，耕耘换来了收获，那些心血凝聚的稿件多数被采用，还获了各种奖项。1989 年，她抱着自己的作品叩开了安徽省作协的大门，成了其中的一员。

文学是神圣的，写作是清贫的。紫霄毅然放弃了从父亲手里接过的"铁饭碗"，开始了艰难的求学生涯。因为她知道，仅凭自己现在的底子，远远不能成大器。她到了北京，在鲁迅文学院进修。为生计所迫，生性腼腆的她当起了报童。骄阳似火，地面晒得冒烟，紫霄挥汗如雨，怯生生地叫卖。天有不测风云，在一次过街时，飞驰而过的自行车把她撞倒了。看着肿起的像馒头一样大的脚踝，紫霄的第一个反应是这报卖不成了。用几天卖报赚来的微薄的钱补足了欠交的学费，只休息了几天，又一次开始了半工半读的生活。命运之神垂怜她，让她结识了莫言、肖亦农、刘震云、宏甲等知名作家，有幸亲聆教诲，她感到莫大的满足。

为了节省开支，紫霄住在某空军招待所的一间堆放杂物的仓库里。晚上大部分时间,这里就成了她的"工作室",她的灯常常亮到黎明。礼拜天,她包揽了招待所上百床被褥的浆洗活,胳膊搓肿了,腿站肿了,溅在身上的水冻成了冰碴……她全然不顾。有一次她累昏在水池旁,幸遇两位女战士把她背回去,灌了两碗姜汤,她苏醒过后一会儿,便接着去洗。她的脸上和手上有了和她年龄不相称的粗糙和裂口。

终于苦尽甘来,随文怀沙先生攻读古文、从军、写作、采访、成名,这一切似乎顺理成章,然而这一切又不平凡。她是一个坚强的女子,是一个不向困难俯首称臣的不屈的奇女子。她把困难视作生命的必修课,而她得了满分。

紫霄的成长历程艰辛而又执着,一次次的人生磨难反而让她越走越坚强。

女人,只有自己知道自己想要什么。想要的时候,跟自己开口,慢慢地去实现,实现不了的,也不强求,不必伤心,为自己努力过,就好。

女人,不管这世界多么阴冷黑暗,你也要让自己开得像朵花,哪怕真的是狗尾巴花,也要在风中摇曳多姿,自己活得开心!因为只有自己疼爱自己,才来得真真切切!

很有自信，就很耀眼

自信的女人最美，不是因为美丽而自信，而是因为自信而美丽，她不一定有倾城之貌，但一定具有惊鸿之态，那是一种优雅，一种沉稳，宁静的眼波，淡淡的妆容，清雅的笑容，永远散发着诱人的味道，似陈年的酒，让人陶醉，似品香茗，清淡，回味深远。

自信所散发出来的美丽不会因外表的平凡而有丝毫的减少。这是由内心深处散发出的"强者"的光辉，拥有自信和坚强的女人，是人间另一道更吸引目光的美丽风景。

吴薇，一个纯情清秀、落落大方的女孩，普通得就像一个邻家小妹，然而她的微笑却让人感到她的美丽是来自于她的自信，她的聪慧和她的踏实平淡。

众所周知，2003年，她在中国举办的"环球小姐"大赛上赢得了"环球中国小姐"的称号。"环球小姐"大赛被誉为全球现代时尚文化象征，是当今规模最大的世界级选美赛事，已成为与奥斯卡奖具有同等知名度的全球性文化活动，能得到这份是殊荣实在是许多女孩子们梦寐以求的事。年仅23岁的福建女孩吴薇就是带着这一光环以首位官方认可的身份代表中国参加了在巴拿马举行的第52届世界环球小

姐比赛，与来自71个国家的佳丽同台展示美，传播爱，令多少人羡慕不已。

当问到她夺冠最大的优势是什么，她笑着回答："自信是对美丽最好的表现。"她在赛前接受采访时就说："不管如何，我想我都会坦然地面对，我都会很高兴，我会笑到最后。"

"其实我始终都认为自己是个平常人。环球小姐的就是为我这样的普通女孩准备的，每个自信的女孩子，都能站到这个舞台上来，我得了奖，是我刚好得到了一次机遇。"

吴薇本是福建兴业银行的一名普通信贷员，根本谈不上什么舞台经验、模特经验。然而就是发自她内心深处最自然、最朴实的自信，让她的微笑与魅力最终打动了评委。

阻碍女性在社会上成功的，往往是存在于女性心理上的障碍，最重要的一点就是她们缺乏自信。那些浑身上下充满自信的女人，总能游刃有余地掌控自己的命运；相反，缺乏自信的女人却总是被命运捉弄。

自信是一种精神状态，它使人的内心饱满丰盈，外表光彩照人。正所谓水因怀珠而媚，山因蕴玉而辉，女人因自信而美。自信的女人从容大度，舒卷自如，双目中投射出安详坚定的光芒。对于那些事业有成的女科学家、女企业家、女作家……以及在舞台银幕上耀眼的女明星们来说，自信使她们更美丽、更健康，也更加出色。而街市上那些青春勃发、魅力四射的少女们，则用她们骄人的自信为城市增添了一道道亮丽的风景。

把选择权攥在自己手里

木子说:"老公要求我放弃现在的工作,在家专职洗衣做饭带孩子,虽然我很舍不得这份工作,很想干下去,但还是听了老公的话,辞掉了工作。现在,孩子长大了,他的事业也在正规上,而我,整个人都不知道该做什么好。"

会飞的鱼说:"我其实并不爱这个男人,但爸妈苦口婆心、威逼利诱,非要我嫁给他。于是,我听从了父母的安排。现在,一到晚上,他提出要求以后,我就感觉像在接客似得。"

微凉说:"我非常喜欢北京这座城市,但是身边的朋友一个个都回去支援家乡建设了,并且劝我也一起离开。我经不住劝回去了,可是,回到家乡以后我才发现,这真的不是我想要的生活。"这是在论坛上看到的几个女性朋友的留言。

忍不住想问,为什么这么轻易地就被别人所左右呢?为什么没有主见,非要听别人的呢?难道仅仅因为我们是女人,就可以忽略自己内心的声音吗?

一个没有主见的女人,跟幸福这个帅小伙永远只能是有缘无分。现实的压力,亲人的阻挠,安逸的诱惑,让女人们宁愿放弃自我,做一株随风摇摆的墙头草。

世间最可怜的，就是这些遇事举棋不定、犹豫不决、彷徨徘徊、不知所措、没有主见、不能抉择、唯人言是的人。这种主意不定、自信不坚的人，很难具备独立性。

有些女人甚至不敢决定任何事情，因为她们不能确定结果究竟是好是坏、是吉是凶。她们害怕，今天这样决定，或许明天就会发现因为这个决定的错误而后悔莫及。对于自己完全没有自信，尤其在比较重要的事件面前，她们更加不敢决断。有些人本领很强，人格很好，但是因为这些毛病，她们终究没有独立，只能作为别人的附属。

没有主见的女人，就像是荒野中随风飘摇的草，让人无法重视你的存在，自己活得其实也并不会快乐。

现代女性要有主见，才不会迷失自己，如果任何事情都要别人做选择，没有自己的观点，只会让幸福离你更远。女人要有头脑、有思想、有自己的人生规划，不要把你的权利交付给别人。

取悦谁都不如取悦自己

人的本性趋向于寻求他人的赞美和肯定，尤其对于有威望或有控制力的对象（如父母、老师、上司、名人名流等），他们的赞美肯定更加重要。取悦者会沉迷于取悦行为所换得的肯定,这很好解释,如果某件事让人有了愉悦的体会,那他就可能持续做这件事,以便继续维持这种美好的感觉。

但,我们得到的感觉其实并不美好。

著名艺人宋丹丹,对于取悦别人与取悦自己有正反两方面的深刻体会。她说:"过去我总是不遗余力地想使自己符合男人的标准,'我够好吧?'成为口头禅,但常常感到被轻视。现在我会说:"这就是我!"却得到前所未有的尊重。自尊,才是最具魅力的品质。"

为了取悦别人而活着,最终必然丧失真正的自己。女人,只有先取悦自己,做最好的自己,然后才能得到他人的喜欢和尊敬。

一位女诗人,写了不少的诗,也有了一定的名气,可是,她还有相当一部分诗却没有发表出来,也无人欣赏。为此,女诗人很苦恼。

女诗人有位朋友,是位哲学家。这天,女诗人向哲学家说了自己的苦恼。哲学家笑了,指着窗外一株茂盛的植物说:"你看,那是什么花?"女诗人看了一眼植物说:"夜来香。"哲学家说:"对,这夜来香只在夜晚开放,所以大家才叫它夜来香。那你知道,夜来香为什么不在白天开花,而在夜晚开花呢?"女诗人看了看哲学家,摇了摇头。

哲学家笑着说:"夜晚开花,并无人注意,它开花,只为了取悦自己!"女诗人吃了一惊:"取悦自己?"哲学家笑道:"白天开放的花,都是为了引人注目,得到他人的赞赏。而这夜来香,在无人欣赏的情况下,依然开放自己,芳香自己,它只是为了让自己快乐。一个人,难道还不如一种植物?"

哲学家看了看女诗人又说:"许多人,总是把自己快乐的钥匙交给

Part 7 茕茕孑立，有个性才能气质不俗

别人，自己所做的一切，都是在做给别人看，让别人来赞赏，仿佛只有这样才能快乐起来。其实，许多时候，我们应该为自己做事。"女诗人笑了，说："我懂了。一个人，不是活给别人看的，而是为自己而活，要做一个有意义的自己。"

哲学家笑着点了点头，又说："一个人，只有取悦自己，才能不放弃自己；只要取悦了自己，也就提升了自己；只要取悦了自己，才能影响他人。要知道，夜来香夜晚开放，可我们许多人，却都是枕着它的芳香入梦的啊。"

女人，如果总是忙着取悦别人，去为别人的期望而生活，就会忽视自己的生活，忽视自己到底喜欢什么、到底想要什么、到底需要什么。最后，已经忽视了自己的存在。可是，你拥有自己的人生，这是你的一项权利，你为什么要放弃？你对自我的放弃，能换来的其实只是更多的蔑视和鄙夷。

所以，女人，别老想着取悦别。只有取悦自己，并让别人来取悦你，才会令你更有价值。一辈子不长，记住：对自己好点。

别屈从，不喜欢就不要

女人，爱自己是最重要的。对你不情愿做的事情大声说"不"。比如酒席上，轮到你喝酒，而你不善饮，大可以茶代酒，而不要含恨饮醉。

女人凡事都要有自己的思想和主见，在这一点上职业女性要做得稍微好一点，但是因为工作的关系，她们难免会碰到一些自己不情愿而又不得不去做的事情，譬如陪客户喝酒、唱歌，等等，因为复杂的人际关系，很多女人选择了忍耐，然而如果你真的不喜欢这样，大可以用拒绝来维护女性的尊严。要知道，正派的客户谈生意是不需要你这样牺牲的，你出卖的是能力而不是色相。

小艾是刚分配到公司的员工，属于广告创意部。刚上班一个星期，老板就让她出去陪一个客户唱歌，并声明陪同的还有几个人，都是正常的生意关系。小艾很不情愿，但还是去了，因为她不想失去这份高薪的工作。

3个40岁左右的男人在包房里叫了几个年轻漂亮的女孩一起唱歌、跳舞、喝酒，小艾看着这些和自己父亲年龄相仿的男人，心里一阵反感，但又不得不赔笑应付。还好那天客户只顾着高兴，没对她有什么过分的举动，否则她真不知道该如何应付才是。

企划案是通过了，可是小艾怎么也高兴不起来，而且她发现同事看自己的眼光也不一样了，鄙视中夹杂着些许的忌妒。而且有了第一次，就很难拒绝老板的第二次任务，小艾实在是进退两难。

女人，不喜欢的事情就不要去做，毕竟委屈的是自己。

在平常生活中也是一样，同事约你逛街、吃饭，如果你很累不想去，就一定要告诉她，不要以为平时关系很好怕她不理解。要知道，越是真正的朋友越应该关心你、体谅你。大声说"不"，在你不愿意的时候，千万不要做自己不喜欢的事情。记得：女人在什么时候都不要勉强自己。

当然，这不仅局限在工作中，对于恋爱期间的女人更有意义：千万不要为了满足男友的要求而献出某些最宝贵的东西。要知道，真正爱你的男人是不会勉强你的，更不会以此作为他不爱你的理由。保持自己的尊严，那样他才会更珍惜你。聪明的女人懂得如何拒绝，包括拒绝各种各样的诱惑。不懂得拒绝的女孩做事情很少有自己的底线和要求，当你的默认成为一种习惯，就很难再从理智中脱身。如何说出"不要"，是一门学问。

如果你不愿意，没有人可以强迫你。大声说"不"，为了自己。

永远做自己的女主人

很多女人，从小就被父母构建起的牢笼给困住了，父母一直是这样告诉我们的：女人要找个好归宿，做个好妻子、好妈妈、好儿媳，贤惠端庄、相夫教子。这本没有什么不妥，只是我们因此习惯性地被"父母之命"锁死，因而从填写高考志愿到找工作、从谈恋爱到结婚，几乎都在看着父母脸色。由此可能带来的后果是：你一直在从事着一项自己并不喜欢的工作，枯燥无味；你嫁了一个自己并不想嫁的人，同床异梦。当然，还有更多，你可能习惯了由别人替你做主，无论是你的父母还是爱人、上司、同事、朋友，甚至有可能是你的孩子。可是，人生是你自己的，道路也是你自己的，怎样走应该是你自己的事，如果你把决定权交给了别人，就等于放弃了对人生的控制，这不但愚蠢，而且还是很危险的事情。

那时，她还是小女孩。有一次母亲带她一起整理鞋柜，鞋柜里脏乱不堪，有的鞋子已经变形和开裂得丑陋不堪，尤其是父亲的那双鞋，还散发着一种难闻的汗臭味，她便建议母亲扔掉那些鞋子。可母亲抚摸一下她的头发，说：傻丫头，这些鞋都是有特殊意义的。随后，母亲拿起一双浅口红皮鞋，满脸的幸福和温情，回忆起和她父亲的相识：

17岁那年，我遇到你父亲，拿不定主意是否嫁给他，我的母亲说，那就要他给你买双鞋吧，从男人买什么样的鞋就能看出他的为人。我有点不相信，直到他将这双红皮鞋送到我跟前。母亲说，红色代表火热，浅口软皮代表舒适，半高跟代表稳重，昂贵的鳄鱼皮代表他的忠诚，放心吧，这是一个真爱你的男人。

从那以后，她开始珍惜父母送给她的每一双鞋子，当她成为拉普拉塔大学法律系的一名学生时，她已经收藏了好多双不同款式的高跟鞋。而法律系有一个来自南方的青年，英俊潇洒，口才超群，悄然地走入她这位怀春少女的心田，终于在大三时两人捅破了相隔的那层纸，将同窗关系发展为恋爱关系。她陶醉在甜蜜的爱情之中，被这火热的感情所鼓舞，于是带着如意情郎去见父母。母亲对这个邮政工人的儿子能否给女儿的未来带来幸福表示怀疑，侧在女儿耳边轻轻对女儿说："让他给你买双鞋看看吧！"她觉得是个好主意，就照办了。

然而，傻乎乎的情郎不知是测试，想既然是为恋人买鞋就得尊重她的意见，硬拖着屡次推却的情人一起去。然而买鞋那天，平时喜欢滔滔宏论的她始终一声不吭，结果两人逛了大半天都毫无所获。最后，他们来到一家欧洲品牌鞋店，有两双白色皮鞋看上去不错，他知道意中人喜欢白色，于是柔声问她："你想要高跟的，还是平跟的？"她心不在焉地随口答道："我拿不定主意，你看哪双好呢？"他略加思索后，说："那就等你想好了再来吧！"于是，他拉着快快不乐的她，离开了。

几天后，他非常认真地问她："想好买哪双了吗？"她依然是漠不关心地说没有。熬着，熬着，这"木头"情郎终于"开窍"了，说出了她期待已久的话："那就只好让我替你做了！"她兴奋地等待了3天，终于等到了他的礼物，不过他吩咐她不要当面打开。

晚上，她将鞋盒抱回家，和母亲一起怀着激动的心情将礼物打开，出现在眼前的两只鞋居然是一只高跟一只平跟。她气得脸色发青，恨恨地咬着牙齿，呼地一声关上闺门，蒙在被子里号啕大哭起来。她的父亲也勃然大怒："明天约他来吃晚餐，看他如何解释，我女儿可不是跛子！"

第二天，他应邀登门，面对质问，却不慌不忙地说："我想告诉我心爱的人，自己的事情要自己拿主意，当别人做出错误的决定时，受害者就会是自己！"随后，他从包里拿出另外两只一高一矮的鞋子，说："以后你可以穿平跟鞋去看足球，穿高跟鞋去看电影。"父亲在女儿的耳边悄声而激动地说："嫁给他！"

"木头"情郎叫费尔兰多·基什内尔。2003年当选为阿根廷总统，而她就是第一夫人克里斯蒂娜·赞尔兰。2007年12月10日，克里斯蒂娜从卸任阿根廷总统的丈夫手中接过象征总统权力的权杖，成为阿

根廷历史上第一位民选女总统，他们夫妇交接总统权杖，成为现代历史上第一例。

这个故事告诉我们，当现实需要考验你内心的智慧时，记住：一定要去尝试自己想要尝试的东西。相信自己的直觉，不要让别人的答案扰乱你的计划。如果自己感觉很好，就跟着感觉走吧，否则你永远不会知道结局有多么美好。不要让别人的议论淹没你内心的声音，你的想法，和你的直觉。因为它们已经知道你的梦想，别的一切都是次要的。

不要总是让别人替你做主，包括你的父母，因为一旦你为别人的看法所左右时，你已沦为别人的奴隶。永远只作自己主人的女人，才能做到自尊自爱。

Part 8
淡定从容，气度就是气质的姐妹花

那一抹淡定从容，展现了女人心灵的高贵。有气度的女人，能够抵挡骤雨狂风的侵袭，气度又像一个弹簧，能够让女人的生命更有张力。女人若拥有淡定从容的气度，即使生活颠覆，也能面不改色；女人若具备了那一抹淡定从容，纵然没有怡人的外貌，也是一样的雅致而高贵。

别让自己看起来像个小孩

人在每天的生活中,免不了会出现好情绪与坏情绪,关键的问题是,我们要如何保持情绪的平衡,如何处理冲动。

试想一下,如果你刚刚穿上一件新买的高档时装出门,忽然身边有一辆汽车疾驰而过,溅了你一身的污水,你会作何反应。其实,这时无论是谁,都难免气愤和恼火。但你开始破口大骂,并说着些非常合乎逻辑的话语,你的生理就会开始有些变化,脸色改变,甚至全身发抖、心跳加快、呼吸急促、胆汁增多,最后是越想越生气。

女人无疑是感性的,其情绪特别容易被外界的事物所影响。落花、流水、枯藤等都会让她们在心中感怀良久。面对生活中那些层出不穷的麻烦事,女人也会发怒。所以,学会控制自己的情绪,对女人来说特别重要。

当我们遇到意外的沟通情景时,如果我们不能理智地控制住自己的情绪,任由怒火肆意而来,那么很可能伤害别人,就会造成人际关系的不和谐,对自己的生活和工作都将带来很大的影响。如果学会运用理智和自制,控制自己的情绪,就能正确地处理好事情。

Part 8 淡定从容，气度就是气质的姐妹花

雯雯是一家公司的职员。她的男朋友比较帅，是一家大公司的业务经理。为此，雯雯特别担心自己的男朋友和别的女孩在一起。真是怕什么来什么，没过多久，就发生了一件这样的事。

这天，雯雯碰巧到男朋友单位附近办事，所以决定下班后去接男朋友，给他一个惊喜。她就在他上班的大厦对面的咖啡屋打他的手机，告诉他，晚上和他一起吃饭，但没说就在他楼下。

这时，她男友说他不在单位，正在和客户吃饭应酬，晚上会晚点回去。结果雯雯便到附近的一家湘菜馆里一个人点了份菜。

谁想她一眼就看到了男朋友和一个女人正在里面共进烛光晚餐。当时的一刹那，雯雯觉得有点蒙了，一股怒气直冲上来，气得她都有些站不稳。本想走过去问个究竟的她，突然想起遇事要冷静的告诫。于是，决定按兵不动，以观其态。

最后，雯雯用理智战胜了自己，在自己的心理暗示下，终于平静下来，她觉得男朋友应该不会背叛自己，一定是有原因的。这样想着怒气就消了一半，最后又悄悄地把男友那桌的账一并结了，让他有个心理准备，然后回家再问。

男友回来后，雯雯试探地说："今天吃饭是不是有人替你买单了啊？"男友很疑惑地说："是的，你怎么知道……噢，原来是你。"男友恍然大悟。紧接着，又开始解释："那是以前一个追求过我的女同学，明天就要离开这个城市了，非要和我吃最后一顿饭，我不答应也不好。但我怕直接告诉你你会生气，于是就……"

听了男友的解释，雯雯暗自庆幸自己没有一时冲动做出傻事来。

愤怒的情绪人人都会有，任何时候都要让自己去主宰自己的情绪，只有这样，事情才能办好。

让愤怒的情绪爆发出来，只会使事情变得更加糟糕。它可以让原来认为你温文尔雅的人一下子改变对你的印象。这种情况下，事后你可能会觉得后悔，但是世界上是没有后悔药可吃的。因此已经到了而立之年的我们应该学会控制自己，学会尽量不发火而把事情解决好。那么如何在一些不愉快的场景中迅速地控制自己的情绪呢？

（1）语言暗示法。在情绪激动时，自己在心里默念或轻声警告"冷静些"、"不要发火"等词句，抑制自己的情绪，也可以做成小纸条放在自己的包里、办公桌或是床头。

（2）转移注意。在受到令人发怒的刺激时，大脑会产生一个强烈的兴奋灶，这时如果你能主动地在大脑皮层里建立另一个"兴奋灶"，用它去抵抗或削弱愤怒，就会使怒气平息。最好的办法就是暂时离开引发情绪的环境和有关的人或物。

（3）嘲笑自己。用寓意深长的语言、表情或是动作，机智巧妙地表达自己。你可以自己嘲笑自己："我这是怎么啦？怎么像个3岁小孩子似的。"

（4）回忆愉快的事情。当不愉快的事情发生时，应该尽量多想些与眼前不愉快体验相关的过去曾经发生的愉快事情。

（5）站在他人的角度想问题。站在他人的角度想问题，也就容易理解对方的观点和行为。在多数情况下，一旦将心比心，你的满腔怒气就会烟消云散。

有人说,女人是善变的动物,确实,女人总是很情绪化,总是在事情发生过后才会发现。殊不知,这种不易自知的情绪随时会把你带进天堂或地狱。有理智的女人往往能有效地察觉出自己的情绪状态,理解情绪所传达的意义,找出某种情绪和心境产生的原因,并对自我情绪做出必要的恰当的调节,始终保持良好的情绪状态。

收敛一下你的眼泪和脾气

人们常说的一句话是女人是感性的,男人是理性的。这句话虽然有些绝对,但也不是没有道理。在大多数场合下,大多数的女人在处理事情时,总是感性多于理性。但在现代职场中,如果你经常发脾气、掉眼泪,那么不仅会让周围的人无所适从,而且还会对自身造成不可避免的损失,更会被归结为心理承受力差和性格软弱,认为你经不起大风大浪的侵袭,难以担当重大责任,最终对事业造成极大的影响。

吴晗是一家大型企业的老员工了,她的能力和才华在公司里是有目共睹的,无论是工作能力,还是文字水平,均是堪称一流的人才,这一点连她的上司也是给予充分肯定的。吴晗的性格热情大方、率真坦诚，但也就是这率直和不加掩饰的性格，在某些时候竟然也成了她事业发展中的致命伤！

最近一段时间，上司对一位无论是资历还是能力和业绩都不如吴晗的女同事特别关照，也没见她干出什么出色的业绩。她做事总是磨磨蹭蹭的，却总是好事不断，什么提职、加薪等好机会都有她，一年之内竟然被"破格"提拔了两次，让人很是羡慕。

吴晗心里越想越难受，为什么自己工作干了一大堆，也创造了十分亮眼的业绩，却不被提拔呢？她怎么也想不明白，真是又气又急又窝火。为此，吴晗的工作情绪一度受到影响，陷入低落状态。

这时，一个平常和她关系不错的同事，见到吴晗这副沮丧的样子，便告诉了吴晗她的看法，她认为吴晗之所以会出现目前的状况，虽然原因是多方面的，但最主要的一条，就是吴晗犯了职场中的大忌——太情绪化了！

听了同事的劝告，吴晗有些醒悟。其实，吴晗也想让自己"老练"起来，然而，一碰到让人恼火的事情，她就是控制不住自己的情绪，尽管事后觉得自己有失理智，但当时就是不能冷静下来。

久而久之，吴晗在公司里备受冷落，同事们也不敢轻易跟她说话了，吴晗的事业陷入了彻底的困境之中。

类似吴晗这种情绪化的反应，可以说是职业女性最容易出现的一大弱点。据调查，有80%的人认为，性别已经不再是制约女性晋升和发展的瓶颈，而性别给她们自身带来的种种性格上的弱点——情绪化，现已成为她们职业发展的最大障碍。

假如你有心要成就一番事业,就千万不要在别人面前亮出你的底牌,要学会控制你激动的情绪,不要乱发脾气,不要轻易掉眼泪,要懂得如何"伪装"自己的心情,掩饰自己的表情,要勇敢地去面对失败和压力。只有这样,你才能赢得同事和上司的认可,才能顺利开展你的工作,才能为自己赢得那片深邃湛蓝的事业天空。

眼泪和脾气是女人的天性,这无可非议。但这对于女性的工作是没有好处的,眼泪只能是让别人在私下里对她产生同情,而在工作上则会对她失去信任,如果遇到一点小小的困难,就发脾气和流眼泪,而不能够独自面对,别人也会对她的能力产生怀疑。

女人一定要学会坚强,因为职场不相信眼泪,你可以有情绪,但发泄时一定要远离办公室,特别是要远离上司。

聪明的姑娘不赌气

赌气是人类特长,女人尤其爱赌气。女人一赌起气来,常会慢慢脱离"理性动物"的范围,做出一些损不了人也不利己的事情,徒然浪费人生的曼妙时光。气是赌到了,可是人生能有什么收获?白给别人送一些茶余饭后的笑谈而已。

北京有个女孩，乘地铁的时候和男朋友吵架了，她先踹了男的一脚，男的气不过，也甩了她一巴掌，这女子脾气也真大，竟然赌气跳下地铁月台，还好服务人员及时发现，要女孩别碰有高压电的铁轨，男友又在紧急时刻把女孩抱了上来，才没有发生惨案。

江西有个堪称特殊的离婚案例也和赌气有关。有一对夫妻为家里的一些琐事争吵，怀了孕的太太一气之下，当天就跑到医院去堕胎。在咱们国家，基于人口政策，堕胎并不犯法。但丈夫气得不得了，以妻子擅自堕胎为由诉请离婚。法官认为，婚后生育权并不只属于女方，准许了男方的离婚请求，还判定由女方付给男方一笔精神赔偿。

小小的争吵，太太竟可以做得这么绝，一般人会觉得不可思议，可是一个爱赌气的女人，确实会做出令人瞠目结舌的事情来。生活中很多的后悔事，其实都和赌气有关。赌气，既伤身又伤心，因赌气而自毁长城的人也不在少数。

有一天，上班时间，一位气质极好、一看就属白领阶层的青年女子来找一位同事。正巧同事不在，她便留下了姓名。等同事回来，同屋的人把情况作了通报，还意犹未尽地说了一句"不去当演员，真可惜了！"同事笑道："你怎么知道她没有去当演员？事实上她不仅做过演员，而且还曾与一个非常重要的角色失之交臂。"说着，他报出了那个角色，同屋的人的心中猛然一震——那可是个令一个原本籍籍无名的女演员一夜走红的角色啊！

那么，她又是怎样错过的呢？当时，慧眼识珠的导演挑女主角，挑来挑去，最后只剩下两位候选人——她与日后走红的那位。论外形、论气质，她都略胜一筹。然而，脸上几颗隐瞒不了的青春痘造成了导演的犹豫，不过导演虽然犹豫，但还是偏向她的。不巧，这时外界又传出了她与导演有染的流言。一贯无瑕的她一赌气，退出竞争，旋即又辞职，匆匆地从南边打道回府了。

10年来，她远离机会频频、可以尽展才华的演艺圈，成了一名普通白领。她偏离了自己的轨道，从事着自己并不喜欢的职业，其中郁积的遗憾和委屈又岂是一口气能够赌掉的？况且，她的婚姻也因此没能收获多少幸福。

小时候听过一个故事，说有一个人提着网去打鱼，不巧下起了大雨，他一赌气将网撕破。网撕破了还不够，又因气恼一头栽进池塘，从此就再也没有爬上来。小时候想，世上哪有这样的傻子，这一定是个哄人的故事。现在想起来，这个故事还是很有意义的。

下雨不能打鱼，等天晴就是了。不要让雨下进灵魂里，不要让一口气久久不蒸发，从而输掉青春、输掉爱情，以及可能的辉煌和触手可及的幸福。

有气场不一定要强势

宋丹丹在她的自传《幸福深处》中强调了这样一个观点，可以说是给所有女人的一点建议，她说——女人的幸福，就是不要让自己太强。简简单单的一句话，我们读来却可以感受其中的内涵有很多、很多……

其实或许很多女人已经感受到了这一点，生活中，我们看上去外表光鲜、事业令人艳羡，但内心之中是不是又藏着许多不为人知的苦恼？那些所谓的女强人，我们看她作风硬朗、刚强果断，但或许她们的内心更加脆弱，因为她们同样需要男人的呵护与光坏，她们对于感情的期待甚至更甚于那些平凡女性，只是，她们的外表太强势，往往让男人们望而却步，这不能不说是一种无奈的隐痛。

其实无论如何，不管男人是不是也信仰强者之美，但在骨子里，中国的男人都是希望女人有几分温柔的。他们既希望女人小鸟依人，又不想她们太黏着自己，既希望她们可以独当一面，又希望她们在人前人后给自己留下足够的面子和男性尊严。是的，男人是很贪心的，他们对女人的要求近乎苛刻，既要我们出得厅堂，又希望我们入得厨

Part 8 淡定从容，气度就是气质的姐妹花

房，要我们有三从四德，还要懂琴棋书画，既要我们长袖善舞，还要我们八面玲珑。然而，当我们真的满足了这些条件时，他们又会觉得我们个性太强，条件太过优越，他们又会因此而感到自卑

而对于这些，很多女人尚未看清、看透，于是在现今社会愈加强调女人能顶半边天的同时，女人们更是高唱着"谁说女子不如男"，凡事都要拿出一股子强势的姿态，即便是在面对自己的男人时亦是如此。这就未免有些过头了。其实作为女人，无论如何我们都应该记得，我们再怎么优秀，也还是一个女人，而不是无所不能的超人，假如你在所有人、包括自己的男人面前都摆出一副"威风八面"的样子，那么别人就会害怕走进你的世界，你的男人会觉得他在你的生命中已经没有了立足之地，那么你们的感情也便岌岌可危了。记得有人曾说过这样一句话——"中国女人不缺少母性，却缺少妻性"，貌似这是一个不争的事实，很多中国女人的确太强势了。

说到这里我们有必要解释一下，所谓的"强势女人"并不等于女强人，我们这里所说的"强势"，主要是指性格而并非事业。其实很多女强人你别看她在外面是"铁娘子"，可一旦回到了家中，立马就变成了"小娘子"，所以她们的婚姻大多也是很幸福的。就比如俏江南的董事长张兰，当有人问她，事业那么成功会不会给另一半带来压力时，她的回答就颇令人深思，她说："每次一回到家里，我第一件事就是脱下职业装，换上家居服，马上把自己的身段放低，放得越低越好。让丈夫和孩子丝毫感觉不到我是什么董事长、女强人，我在家里只是丈夫的妻子，孩子的母亲。"可很多女人并不是这样，有些女人事业未必

做得有多大，但那股子气势却很大，尤其喜欢在家里说一不二，活脱脱的女王范，这就是我们这里所说的"强势"。

这样的女人，只能让人不敢逼视，始终被人保持距离地敬畏着，难道这样活着也舒坦？记得前两年电影《金刚》上演时，不少女人都在为那个大猩猩金刚落泪，或许女人们的心中都期冀着有一个金刚一样的男人呵护自己，但你有没有听说过有哪个男人希望自己的枕边躺着的是一个金刚一样的女人？！

所以男人们出轨了，而且他们根本不需要其他理由，只一句"你太强势了"，便足以埋没你所有的付出，将所有的错误归咎于你，而且现实是，即便错的是他，但"你太强势了"，就足以让他赚满同情分，似乎他的背叛理所应当，这不能不说是强势女人的一种悲哀。

记得曾看过一期情感节目，故事的男主人公是一个大学教授，而他居然找了在他们家做钟点工的小保姆做情人，据他说，出轨的原因就是受不了太太的过分强势。虽然说太太的学历高、收入高，又是一家国企的高管，但在家里动不动就颐指气使，让他教授的脸面荡然无存。

所以说，女人，无论你的地位有多高，无论是你多么的优秀，但无论何时都不要忘记给男人留点面子，顾全男性的尊严，那么我们的感情和婚姻自然愈加稳定。反之，如果你过分强悍，逼得丈夫不得不软弱，你像女王一样，迫使丈夫不得不去做奴仆。那么哪里有压迫，哪里就会有反抗，面对你的这种高压政策，或许男人表面上会表示俯首称臣，骨子里却有伴君如伴虎的恐惧，他们可能无时无刻不在想着

脱离虎口,他们会更容易出现外遇,因为他的男性自尊在婚姻中备受打击,只好到别的女人那去寻找平衡点。因而奉劝女人们,无论怎样,都别忘了自己是女人,无论何时,都别忘记偶尔小鸟依人一下。

撕掉女人身上柔弱的标签

和男人一样,在女人的世界里同样会出现竞争、困惑、无奈、陷阱,尽管我们不愿意去面对,但是如果真的逃不开的话也没有必要慌张,我们应该坚信一切都会过去,一切都会慢慢向好的地方发展。女人,有着她特有的坚毅刚强,这种从性格中带来的特质将帮助她们勇往直前,摆脱生命中一个又一个的困境,攻克人生中一个又一个的难关。

尽管女人外表柔弱,但是她们的内心并不柔弱。尽管我们没有必要一定要做个烈性女人,但在面对困难和竞争的时候也可以做到临危不乱。女人,一定要有做一个了不起的女人的志向。不管前方的路多难走,也一定要用自己的毅力将它走完。曾经有一位名人说过这样一句话:"付出不一定有回报,但是你不断地付出就一定会有回报。"人生的这条路上,需要我们付出太多的艰辛,只要你能够凭着你的坚毅刚强挺过难关，坚持到最后，那么迎接你的一定会是一片绚烂的阳光。正所谓不经历风雨，怎能见彩虹。作为一个女人，我们应该明白其中的道理，不管现在经历的是坎坷还是顺利，不管未来会有什么样的变数，相信自己，选择坚强，也许在人生旅途的下一站，上帝就会赐给你意想不到的惊喜。

看看玛格丽特·米契尔的故事：

玛格丽特·米契尔是世界著名作家，她的名著《乱世佳人》享誉世界，但是，这位写出旷世之作的女作家的创作生涯并非我们想象得那样平坦，相反，她的创作生涯可以说是坎坷曲折。玛格丽特·米契尔靠写作为生，没有其他任何收入，生活十分艰辛。最初，出版社根本不愿为她出版书稿，为此，她在很长一段时间里不得不为了生活而精打细算。但是，玛格丽特·米契尔并没有退缩，她说："尽管那个时期我很苦闷，也曾想过放弃，但是，我时常对自己说：'为什么他们不出版我的作品呢？一定是我的作品不好，所以我一定要写出更好的作品。'"经过多年的努力，《乱世佳人》问世了，玛格丽特·米契尔为此热泪盈眶。她在接受记者采访时说："在出版《乱世佳人》之前，我曾收到各个出版社一千多封退稿信，但是，我并不气馁。退稿信的意义不在于说我的作品无法出版，而是说明我的作品还不够好，这是叫我提高能力的信号。所以，我比以前任何时候都努力，终于写出了《乱世佳人》。"

就像成功学大师拿破仑·希尔所说的那样——因为下面这三个原因，失败往往能够转化成成功的基石。第一，失败可以打开新的机遇

Part 8　淡定从容，气度就是气质的姐妹花

大门，迎来新的人生机会；第二，失败可以给骄傲的人注入一针清醒剂；第三，失败可以使人知道什么方法是错误的，而成功又需要什么样的方法。基于上面三个原因，我们应该知道，失败带来的逆境并非都是坏事。关键是看我们对失败做出何种反应，它决定着一个人的人生。

人生如战场，试想一下，如果你身临战场，当你遇到困难和敌人时就赶紧后退，其后果如何？把事情做好，把困难解决掉，这不也是一种"作战"吗？在面对困难时只要不回避，而是面对它们，它们就不会成为大问题。女人，要拥有那份属于自己的坚毅刚强，只有这样，我们才能够在乌云散去的时候，找到那颗帮助自己成功的种子，才能看到属于自己的那片精彩世界。

请记住个人心理学先驱艾尔费烈德·艾德勒说的那句话——"你愈不把失败当作一回事，失败愈不能把你怎么样；只要能保持心态的平和，成功的可能性就愈大。"每一个女人的人生，都必然会出现困难和坎坷，但是只要我们对这些无所畏惧，那么一切都只不过是纸老虎而已。

心若丰盈，优雅天成

心若不死，烈火烧过青草地，看看又是一年春风。但有一个至关重要的因素是，当春风再来的时候，你扬起的，是怎样的一张面孔。

Abby上个星期与久别的姐姐见了面。这次相聚对她来说，有惊，有喜。Abby与姐姐自幼亲密无间，后来各自嫁人，Abby来到北京，而姐姐随着姐夫去了国外，自此见面极少，平时只是在电话里、在网络上，相互表达关心和思念。两年前，Abby的姐姐遭遇了丈夫外遇、离婚、争孩子、争财产一系列狗血得如同电视剧般的变故，然后患病卧床半年，但她从来不愿Abby多说，几次通话，她只字不提，Abby也不便多问。

见面之前，Abby心有忐忑，害怕看见姐姐那张美丽的脸被怨恨扭曲，害怕看见曾经那么鲜活明艳的生命被生活侵蚀的满目疮痍。

但当Abby见到姐姐的那一刻，心中忧虑随即烟消云散。四十余岁的姐姐，妆容精致，眼神明亮，体态轻盈，着一身休闲便装，长发随意地披散在脑后，与她现在的男朋友十字紧扣，笑语盈盈，缓缓而来。

Abby衷心的为姐姐感到高兴，这种高兴掺杂了太多的难以说清。

Part 8 淡定从容，气度就是气质的姐妹花

这样甜美的场景，似乎只能发生在情窦初开的少女身上，她们未经世事，所以她们美好如花，澄净如水。

但是现在，她是一个被丈夫无情抛弃，曾在仇恨与痛苦中难以自拔的女人。大家都以为她会凋谢了吧，她会沉没了吧，然而，她从最黑暗的地方穿越而来，依然明艳如花。

试想一下，此时的她，如果面容憔悴，目光呆滞，身材走样，恐怕也没办法与身边的人形成这样一道美丽的风景。然而这些都不是最重要的，最重要的是，如果她的体内是一个饱经摧残后狼狈不堪的灵魂，或者有一个浸淫世俗、变得面目可憎的扭曲人格，即使她保养的再好，身姿婀娜，风韵荡漾，她也享受不到这份等到风景都看透，一起看溪水长流的美好。

就这样，一个四十多岁的女人，经历了人生那么残酷的变故，却再一次，像少女一样恋爱了。她，重新活了过来。然而生活中，别说四十多岁，就连很多刚满三十的女人，都已经面目全非，心如老妪。

生活中的大事小情，耗光了她们的耐心；人生中的种种无奈，剥夺了她们的笑颜。曾经的如花美眷，终没能敌过似水流年，当年温柔甜美的小女孩，变成"内忧外患"、一脸彪悍的躁妇人；曾经纯美善良的女人变得尖酸刻薄、狭隘自私。

自然也有一些女子，她们把生活的磨砺沉淀成人生智慧，不管尘世几许苦难，不管几经岁月雕琢，她们依旧一脸柔和，秋波似水。她们不是没有遭受伤害，但对人性依然信任，她们不是没有饱尝苦难，但对生活依然热情。她们在职场英姿飒爽，也会把生活经营得有滋有

味；她们待人接物高雅大方，就算对自己最亲近的人，也不会如倒垃圾般口无遮拦；她们与孩子平等交流，也与爱人恬静相守。

她们就是这样一种美好的存在。这种美好，无关年龄。四十多岁的王菲面若少女，四十多岁邓文迪面目狰狞，如何选择，只在于心。

不为得与失百般纠结

人这辈子不可能永远都那么幸运，往往是想得到这个，就必须舍弃那个。我们必须要为自己做出选择，倘若我们两只手都抓住欲望不放，那也许我们终将一无所获。女人这一生，有"舍"才有"得"，当我们为失去的东西惋惜的时候，不妨想想自己得到的，它也许更令人兴奋，更令人感到快乐幸福。

人的一生中总会有一些机遇，但是也很有可能这些机遇同时摆在你面前，让你无法取舍。这时候的你仿佛走到了一个人生的岔路口，不知道应该向左还是向右。但是不管怎样，我们不要妄想着把所有的好东西统统抓在手里，因为我们会因能力有限而失去得更多。作为一个成熟的女人，我们一定要明白"有舍才有得"的道理，我们没有必要一味地去向人生讨要什么，而是应该心态平和地去选择、去接受，

Part 8 淡定从容，气度就是气质的姐妹花

只有这样，我们的人生才会更快乐，我们才会更容易得到自己真正需要的东西。

有这样一个故事：据说一位国王有7个女儿。个个如花似玉、国色天香，是国王的骄傲。

而她们那一头乌黑亮丽的长发也是远近闻名，天下皆知。所以国王送给她们每人100个漂亮的发夹。

有一天早上，大公主醒来，一如往常地用发夹整理她的秀发，却发现少了一个。于是她偷偷地到了二公主的房里，拿走了一个发夹。

二公主发现少了一个发夹，便到三公主房里拿走了一个发夹。

三公主发现少了一个发夹，也偷偷地拿走了四公主的一个发夹。

四公主也一样偷偷地拿走了五公主的一个发夹。

五公主一样拿走了六公主的一个发夹。

六公主只好拿走七公主的一个发夹。

于是，七公主的发夹只剩下99个了。

隔天，邻国英俊的王子忽然来到皇宫。他对国王说："昨天我养的百灵鸟叼回了一只发夹，我想这一定是属于公主们的，而这也真是一种奇妙的缘分，不晓得是哪位公主丢了发夹？"

六位公主听到了这件事，都在心里说："是我丢的，是我丢的。"可是自己头上明明完整地别着100个发夹，所以都懊恼得很，却什么也说不出来。

只有七公主走出来说："我丢了一个发夹。"话才说完，一头漂亮的长发因为少了一个发夹，全部披散了下来，王子不由得看呆了。

最后的结局可想而知,王子和公主结了婚,过上了幸福快乐的生活。姐妹们看完这个故事以后请先不要忙着羡慕,而是应该好好想想"舍"与"得"之间的联系。有的时候我们总是害怕失去,总是抓着自己得到的东西不放手,却忘记了只有把双手放下,我们才能抓住更多我们更需要的东西。由此可见,有的时候失去也并不是一件多么坏的事情,它也许就意味着另一种得到。就如故事中的公主那样,因为丢失了一个发夹,却得到了一份美满的姻缘。

对人对事,我们也应该有这种淡然,咱们女人要做到雅致,就要学会"舍",不能一味企盼"得"。因为拥有的时候,我们也许正在失去,而放弃的时候,我们或许正在重新获得。明白的女人懂得放弃,真情的女人懂得牺牲,幸福的女人懂得超越。安于一份放弃,固守一份超脱,这就是雅致的人生。

在走向优雅的过程中,我们要面对各种大大小小的选择,尽管我们每个人都希望自己能够两手抓,两手都要硬,但是有些时候我们不得不在两个同样重要的问题上做出自己的抉择。这时候我们不要一味地因为自己的放弃而失落,更不要因为自己当时的选择而后悔,因为这就是人生。它就好比我们在餐馆点菜,菜谱上的菜样样美味,但是我们不可能把所有的菜统统点一遍,一是我们没有那么大的肚子,二是我们手里没有那么多的银子,凡事适可而止就好,点一两样满足一下自己的胃口就已经很不错了。生活就是这样,不可能给你百分之百、十全十美的人生,我们必须接受这个现实,并在人生的过往中选择淡定,选择平和,选择用一种从容乐观的心去面对人生。

Part 8 淡定从容，气度就是气质的姐妹花

女人要想活的轻松快乐，就应该让自己活在真实的世界里，尽管有的时候虚幻的东西很美好，但是它必将会成为过眼云烟，所以该舍去的就舍去吧，我们的未来会收获更多。既然女人这辈子必定要在舍与得中做出选择，那就让我们用自己的真诚和期待，去迎接每一次的取舍，用自己阳光的微笑去舍弃，去得到，去营造自己生命中的每一个幸福，每一份快乐，相信我们的明天会因为自己的选择而更加美好、精彩。

藕既断，不丝连

生活中要面对的"取舍"问题很多，不可取而又不愿舍的故事时常上演。比如，处在两个思维世界的男女朋友，感情冷淡、相互排斥、貌合神离的夫妻，为了种种的原因，就这样斩不断理还乱地勉强维持着关系，理由就是"这么多年的感情哪能说断就断"、"怎么说也要给孩子一个完整的家"，结果呢，一直生活在痛苦当中。不知当中的女人是否忘了，自己也可以拥有追求幸福的权利。又何必苦了自己，也苦了别人的一生呢？

吴云还很年轻的时候，就已经察觉到老公在外面有了别的女人，

当时，她几乎都要崩溃了。令人未曾想到的是，她竟然把这件事强忍了下来，她的理由就是，"为了孩子"。为了孩子，她选择自己欺骗自己，就当这件事没有发生过，或者说就当自己没有发现过，继续维持着家庭的生活。但是，她毕竟是个有血有肉的人呀！长期生活在这样不幸的婚姻当中，压力、空虚和心理上的不平衡不断地冲击着她，当心理的承受能力达到极限时，她就会拿无辜的孩子来撒气，再到后来，甚至一想到这些事情，就乱骂、乱打孩子。无辜的孩子，常常就莫名其妙地遭了殃。而且，她还时常当着孩子面，用恶毒的语言讽刺、咒骂、攻击她的丈夫。长期生活在这样的家庭环境下，最后，孩子的精神世界也跟着崩溃了。现在，孩子已经长大成人，可是性格和行为上都有很大的缺陷。

我们思考一下，在这段婚姻中，真正受到最大伤害的人是谁？其实是孩子！当然，她的遭遇也是不幸的，但她处理问题的方式，使这个不幸所波及的范围在不断扩大，如今，她自己、她的孩子、甚至是她的丈夫和丈夫的情人，都成了这件事情的"受害者"。造成了这个局面，其实她已经输了，就输在了不舍、不甘和自以为是上，不是吗？

现在，她上了年纪，孩子也已经长大了。但是，可怜的孩子也变"坏"了，他感觉不到爱，也学不会宽容和爱，他的世界观、价值观、道德观都偏离了正确的轨道，说话和做事的方式非常极端偏激。家里的亲朋好友也曾尝试和孩子去沟通，可怜的孩子，他给出答案是："在这样一个没有温暖的家庭，谁管过我的感受？他们两个人三天一小吵，五天一大吵，谁真正用心关心过我？甚至还拿我当出气筒！他们之间

Part 8 淡定从容，气度就是气质的姐妹花

出了问题，难道我就必须要受罪吗？他们生我出来，难道就是用来撒气的吗？亲生父母都这样，我对这个世界失望了。我只不过是为了自己而活着。"

看到孩子的状况，她终于清醒过来，认识到并能够真正去面对自己的错误了。可是，在她愿意放下自己心里面的固执，愿意去办离婚时，当初那个乖巧懂事的孩子却无论如何也回不来了，他不肯原谅自己的父母。她很想去补救，可是孩子根本不给他们机会，他对他们已经绝望了。可怜的她，在痛苦中生活了这么多年，已近黄昏，幡然醒悟，可是，又是否能够享受到儿孙承欢膝下的天伦之乐呢？

明知道是痛苦的生活模式，却固执地选择坚持，到最后，非但自己痛苦不堪，也间接连累他痛苦异常，不是吗？这是她犯下的最大错误，毁了自己，也毁了自己爱及不爱的人。

所以，当我们认识到，有些事情已经不能勉强、无法挽回的时候，不如问问自己：我干嘛不放手呢？很多时候，感情也好，婚姻也好，其他的事情也好，明明知道接下来的坚持，会对自己或是别人都造成一定的伤害，我们还要不要一门心思犟到底呢？是不是就算伤害人也在所不惜？那么别忘了，你自己也会遍体鳞伤的！生活中的很多事情都是需要放手的，换个方式处理问题，也许真的就海阔天空了呢。

当然，很多事情的发生都有特定的背景，当事人的处境也各有不同，所以处事也因人而异，这都要靠自己的智慧来体会，解决、化解。在这里，把一份祝福送给上面的那位朋友吧！至少她现在懂得了放下，明了了取舍，这不也是一件好事吗？虽然这顿悟来得晚了一点，代价也确实很大，但今后她一定能从"取舍"中找到让自己幸福的方法，因为跌倒过，智慧就长出来了，不是吗？同时，也希望所有人都能懂得"取舍"，该取的取来就是，该放的就不要勉强，那么幸福就会一直跟着你走。

让那些不愉快笑着释放

你可能早就发现了，心情不好时，看部喜剧电影大笑一场，沮丧的心情就会平复许多。我国民间有句俗语"笑一笑，十年少"，一个人如果能笑口常开，那么你的情绪、你的健康一定会变得更好。

人是精神和肉体的统一体，身心之间有明显的相互作用。因此，一个人情绪的好坏就会直接影响他的工作、生活和身体健康。从医学上来看，笑是心理和生理健康的反映，是精神愉快的表现。笑能消除神经和精神的紧张，使大脑皮质得到休息，使肌肉放松。特别是在一天紧张工作之后，说个笑话，听段相声，大脑皮质出现愉快的兴奋，有利于消除疲劳放松情绪。

欢笑还是一种特殊的健身运动。人一笑便引起面部、眼、口周围

Part 8 淡定从容，气度就是气质的姐妹花

的表情肌和胸腹部肌肉运动。"捧腹大笑"时连四肢的肌肉也一起运动，从而加快了血液循环，促进全身新陈代谢，提高抗病的能力。

笑对呼吸系统有良好的保健作用，随着朗朗笑声，胸脯起伏，肺叶扩张，呼吸肌肉也跟着活动，好比一套欢笑呼吸操。同时，哈哈大笑还能产生"出汗、泪涌和涕零"之效果，起到促进汗液分泌，清除呼吸道和泪腺分泌物的作用。笑是一种最有效的消化剂，愉快的心情能增加消化液的分泌，欢声笑语可促进消化道的活动，使人食欲大增。

笑还具有祛病保健、抗老延年的功效。伟大的生理学家巴甫洛夫认为："愉快可以使你对生命的每一跳动，对生活的每一印象易于感受，不论躯体和精神上的愉快都是如此，可以使身体发展，身体强健。"而美国出版的《笑有益于血液——幽默的医疗作用》一书中列举了笑能治疗多种疾病的科学道理，指出：笑能缓解颈部肌肉的紧张度，所以对头痛病特别有效。比如著名化学家法拉第因用脑过度，年老时经常头痛，他受"乐以治病"的启发经常去看喜剧，每次都捧腹大笑，最终头痛病不药而愈。

美国记者卡曾斯得了一种在目前医学上难以治疗的疾病，他也是在一次因为看喜剧片大笑镇痛的实践下，自己拟定了：看喜剧影片——笑——吃饭——睡觉——笑的"治疗"方案。经过一段"治疗"病情大有好转，10年后再见时他已是个完全健康的人。我国评剧名演员新凤霞在谈起情绪与疾病和健康的关系时，深有体会地告诫人们"不生气"是保健的秘诀。

大笑虽然未必能让你"十年少",但是可以舒缓你的情绪,给你精神上的放松和愉悦。当你感到情绪不佳时,不妨多找些可笑的电影看看,或听听相声,让自己的不愉快在笑声中得到释放。

痛过之后,请开得更灿烂芬芳

人生几多风雨几多愁,每个人的生活都不可能是一帆风顺的。尽管你可能事先做好了充分的准备,仍不免会遭遇失败。而那时我们要做的,就是承认自己的失败,然后爬起来拍去身上的尘土,同时也不要忘了前行的脚步。但承认失败并不是消极地自弃,而恰恰是勇敢者走出失败,继续前行的智慧和勇气。对于失败,我们要不避讳,也不悲观,一个人的成功和挫折可能着眼于一个偶然因素或某一个重大决定而改变了人生,而你越来越发现人生中做的任何事都不是徒劳的。

一个人的社会经历中有了一次较大的失败并不耻辱,只有学习过失败这门课程,人们的毅力才会更顽强,经验才会更丰富'处理事情也才会更成熟。所以,当我们面对失败时,不要抱怨,不要灰心丧气,应该更加努力。

她与众不同,从小就是这样。家里来了客人,多数孩子都会羞涩地躲起来,她却像大人一样落落大方地招待客人,客人都惊讶地赞叹说,这闺女长大一定不一般。

初中毕业,她已初长成,面若桃花,秀外慧中。待到高三,更是亭亭玉立,出落成一美人,且文思超群,深得老师赏识。然而,这时候,那些从小玩到大的朋友却对她日渐疏远,她那件漂亮的红裙子有好几次被人偷偷泼上了墨水。那以后,她开始形单影只,她的脸上渐渐挂上了本不该属于她的冷漠。她知道,自己正遭受着嫉妒的围堵。

大学的时候,她让男生们惊艳,让女生们眼红,她仿佛早已看惯了这些事,不言不语,冷静地做着自己的事情,冷傲如孤芳。

那个时候,女生几乎都有了男友,男生也大都有了女友,可是她没有,没有人追她,男生们说不喜欢她那不食人间烟火的样子。其实真没有,她常常一个人坐着,看窗外,发呆,眼神迷茫。

快毕业的时候,一阵惊风传来,她和学校一个最不好看的男生恋爱了,女生们有点幸灾乐祸;男生们一声声叹息:好白菜还是被猪拱了。

试着问她,她凄美地低头:"我孤单。"一片唏嘘。

后来,大家各谋生路,她也在奔她自己的前程。

她先后去了几家公司,都无疾而终。传说都是美丽惹的祸,不是被人挤对走,就是自己不得不走。最后,她选择自己创业,开了个女性饰品公司,自创品牌,后来倒闭。再次聚会,同学们都相互探听她的近况,社会上的风霜雨雪让大家明白了很多:当初不应该那么对她,怎么能因为别人美丽就去孤立?他们都想和她说句对不起。

她出现时让大家吃了一惊，这时已不再是惊艳：她好瘦，好憔悴，像极一个吃苦受难的小妇人，皮肤干巴巴的，同学们不约而同地沉默了，一次次地举起酒杯。

她和那个男人结了婚，遭遇了背叛，后来又和一个老知识分子结了婚，那个老知识分子像防贼一样防她，后来她又离了婚。

她性格还是那样倔强，她仍然笑着和大家打招呼，不过大家笑得有些苦涩。

就在大家皆以为她就这样慢慢凋谢了的时候，年近40的她却在同学们的惋惜和悔恨中奇迹般地复苏。

几年以后，再次相聚，她光艳照人，开着名车，穿着名牌，举止优雅，风情万种。她操着流利的英语给老公介绍自己的同学，大家再次被她惊到了。她那高大英俊的老公说："她就是我的女神！"

的确，她是女神，一直都是，从小就是。只是人们给她的是雾霾，不是阳光，不然，她早就应该芬芳四溢了。

她说："痛过之后，我告诉自己，要用自己的美貌和智慧换来属于我的东西，为什么要被命运作弄？凭什么？我要改变自己，找到我的幸福，绝不能活在阴影里？"

难怪男人说，美丽智慧的女人是永远的故事。

有一种女人，痛过之后，坚强美丽得更加灿烂芬芳。坚强是一种品性，是千锤百炼、磨砺出来的结果，坚强是每一个人在不幸中支撑身心的精神支柱。人生是一个磨砺的过程，而坚强便是磨炼出来的精华。生活中的不如意乃至不幸的确存在，只是因为生活之中有了坚强，

Part 8 淡定从容，气度就是气质的姐妹花

一切才变成了风雨之后绚丽的彩虹。而对于生活的不如意女性似乎成了"柔弱"的代名词。但柔弱不等于软弱，女人也有自己的脊梁，女人不应是经不起风雨的温室花朵，而是傲然挺立的秋菊。

坚强可以让你坦然面对一切突如其来的挫折，将这些挫折转化为动力，从中总结经验教训，最终走向成功。坚强的第一要素就是绝不放弃，永不退缩。坚强的第二要素是学会忍耐，做事要有耐心。耐心可换来雨过天晴，耐心可将风险降到最低点，最终助你时来运转。坚强的第三要素是信心。只要你拥有自信，你就能够勇敢地、愉快地面对任何局面。

做个坚强的女人吧！也许你的生活之路现在布满荆棘，也许你的生命之舟开始颠簸摇摆，但是只要你拥有坚强，你就会手持利刃，披荆斩棘，为自己创造出一条更为平坦的道路来。在不如意中，你要做一位信心百倍的船长，掌稳舵，去发现属于自己的新大陆！